幸福与尊严

一种关于未来的设计
Happiness and Dignity: Visions of a Future

俞可平 主编

中央编译出版社
Central Compilation & Translation Press

目录

序言　　俞可平 / 1

1. 善治与幸福
   俞可平 / 3

2. 论尊严、公正观念产生的历史条件
   俞吾金 / 11

3. 尊严与公正概念的政治哲学思考
   顾　肃 / 19

4. 尊严与权利：基于中国社会视角的一种探究
   陈嘉明 / 39

5. 阐明尊严：发展一种最低限度的全球正义观念
   [美] 托马斯·博格 / 53

6. 公民权利、差异与社会公正
   韩　震 / 65

7. "社会正义"的拟人化谬误及其危害
   ——哈耶克正义理论研究
   邓正来 / 77

8. 尊严、平等与正义：规范与制度的根源
   [美] 弗朗西斯·福山 / 93

9. 平等：一个理论与行动框架
   [爱尔兰] 凯瑟琳·林奇 / 107

10. 全球化、帝国主义与军国主义：对正义、平等和尊严的影响
    [加拿大] 威廉·D. 科尔曼 / 131

11. 论转型国家的正义实现
    ——以巴基斯坦为例
    [巴基斯坦] 拉柯莎娜·喀布 / 157

12. 构建当代生命尊严理论的新维度
    肖 巍 / 171

13. 分配正义：从弱势群体的观点看
    姚大志 / 185

14. 尊严与公民身份
    ——女性主义政治哲学的视角
    戴雪红 / 203

序　言

中国领导人在近年中反复重申，要努力使人民生活得更加幸福，更有尊严。与此相应，最近这些年，各种各样的"幸福工程"成为中国各级政府的重要亮点。这一方面表明了中国政府对人民所承诺的政治责任，另一方面也反映了中国对人类社会普遍价值的追求。幸福、自由、平等、公正和尊严，这些都是人类社会普遍追求的永恒价值，不论属于哪个民族，处于何种体制，所有人都向往更加幸福、更加公平、更加自由、更有尊严的生活。然而，不同的人群对什么是幸福、公正、自由和尊严的理解却莫衷一是。在不同的现实条件下，实现幸福、公正、自由、尊严这些普遍政治价值的方式和途径也千差万别。在人类生活相互之间日益难以分离的全球化时代，要避免不同国家和不同体制下的民族和人民相互的政治对立和残酷战争，根本的办法之一，便是就上述这些核心政治价值进行深入的对话和交流，以便最大限度地就这些人类的普遍政治价值达成共识。

提升、传播和交流幸福、自由、公正、尊严这些人类的核心政治价值，尽可能地避免人类因为核心政治价值观的不同导致的冲突和纷争，努力建设一个和谐的世界，这是世界各国学者的共同责任。以研究基本政治价值为重要对象的政治哲学家，在这方面的责任尤其重大。正是出于这样的考虑，2010年我们邀请了中国和世界其他国家的20多名在国内外有一定代表性的政治哲学家，聚集在北京大学的博雅会议中心，就幸福、公正、自由、尊严等基本政治价值进行了一场跨国界、跨政治、跨文化的对话。呈现在读者面前的这部书稿，就是那场政治哲学对话的最终成果。我们编辑出版这本文集的直接目的，是为国内读者提供一些初步的素材，让大家从一个侧面了解各国学者对幸福和尊严这些核心政治价值的共同点和不同点。不过，从根本上说，我们也希望向读者传递这样的一些信息：人类社会确实有着共同的价值追求，但不同国家的人民对这些共同价值必然会有不同的理解。在全球化和网络化的时代，我们既要强调中国特色，但更不可离开人类文明的大道。中华文明要融入人类文明的主流，必须坚定不移地追求幸福、公正、自由、尊严这些人类的基本价值，同时将中华文明的特质有机地融入这些价值之中，从而推动中国和世界文明的进步。

俞可平
2012年10月12日
于德国杜伊斯堡大学国际学者公寓

1. 善治与幸福*

俞可平**

个人的幸福与尊严，是人类一直追求的永恒价值。在中国，这些价值过去更多地体现在学者的论述和人们的理想中，很少体现在政府的行动计划中。但是近年来，特别是自从温家宝总理在2010年年初郑重提出政府的责任就是"要让人民生活得更加幸福，更有尊严"①之后，许多地方政府纷纷推出了各种各样的"幸福计划"，发布了一系列的"幸福指数"。建设一个"幸福社会"、"幸福城市"、"幸福社区"被一些地方政府正式列入了当地的社会经济和政治发展规划。2011年"两会"前后，"幸福计划"进一步升级，成为一个普遍关注的热点，以至于海外舆论评价说，中国共产党正在轰轰烈烈地建设一个"幸福中国"。由此提出了一个重要的政治哲学问题：政府应当对人民的幸福承担何种责任？毫无疑问，在现代社会中，政府应当对人民

---

* 本文是作者在最近举行的"政治哲学若干前沿问题"国际研讨会上的演讲提纲。

** 俞可平，中央编译局副局长，中央编译局全球治理与发展战略研究中心主任、北京大学中国政府创新研究中心主任、清华大学凯风政治发展研究所所长、"中国地方政府改革创新研究与奖励计划"总负责人。

的幸福生活负有重大的责任。政府对人民所承担的责任是一个开放的概念，在不同的时期和不同的国家，这种责任可以有极大的不同。我认为，在全球化时代，政府对人民的幸福所承担的基本责任就是实现善治。

一般认为，幸福是个人在需求和欲望得到满足时产生的愉悦感。从根本上说，个人是幸福的主体，幸福应当是一种个人的主观体验。任何他人都不能替代别人的幸福体验，任何政府或组织也同样不能取代公民的幸福体验。幸福不能"被代表"。然而，人们产生并实现其各自的需求和欲望却通常受到客观现实条件的制约，政府正是通过创造、提供或取消个人的外部条件而直接或间接地决定和影响其幸福。正如罗素所指出的那样，人们的幸福与社会制度和个人心理相关，我们需要通过改造社会来增进人类的幸福。[②] 政府之所以对人民的幸福生活负有不可推卸的责任，是因为人们的幸福生活所必需的某些基本条件，只能由政府来提供。在当今世界，民主和民生是人民幸福生活的两个基本保障。改善民生，推进民主，都是政府的重大责任，它们集中体现为努力实现善治。

我把"善治"界定为公共利益最大化的公共管理。善治是政府与公民对社会公共生活的共同管理，是国家与公民社会的良好合作，是两者关系的最佳状态。善治有以下 10 个要素：（1）合法性，即政治秩序和公共权威被自觉认可和服从的性质和状态。（2）法治，即法律成为公共政治管理的最高准则，法律面前人人平等。（3）透明性，即政治信息的公开性。（4）责任，即管理者应当对自己的行为担负基本的公共责任。（5）回应，即公共管理人员和管理机构对公民的要求作出及时的和负责的反应。（6）有效，即管理的效率。（7）参与，既指公民的政治参与，也包括公民对其他社会生活的参与。（8）稳定，意味着国内的和平、生活的有序、居民的安全、公民的团结、公共政策的连贯等。(9) 廉洁，主要是指政府官员奉公守法，清明廉洁，不以权谋私，公职人员不以自己的职权寻租。(10) 公正，指不同性别、阶层、种族、文化程度、宗教和政治信仰的公民在政治权利和经济权利上的平等。③

政府治理的好坏与公民幸福感的高低之间有着密切的关系，这一点已经得到了许多国际研究机构的证明。无论是联合国《人类发展报告》关于"个人福祉和幸福的感知"指数排名，还是福布斯"全球幸福国家排名"都表明，国家的善治程度与其幸福程度有着高度的正相关性。最近发布的"盖洛普世界民意调查"对155个国家及地区在2005年至2009年间的幸福指数进行了测评和排序，被列为全球最具幸福感的前五名国家是：丹麦、芬兰、挪威、瑞典和荷兰。从联合国的《2010年人类发展报告》可以看出，这五个国家也是世界上发达程度最高和公共治理最好的国家。丹麦的发展指数排名世界第19，体现收入分配公平程度的基尼系数只有0.247，是全球基尼系数最低的国家，性别平等指数全球第2，居民平均受教育年限10.3年，居民总体满意程度72%；芬兰的发展指数排名第16，基尼系数0.269，性别平等指数居第8，居民平均受教育年限10.3年，居民总体满意度80%；挪威的发展指数排名全球第1，基尼系数0.258，性别平等指数居全球第3，居民平均受教育年限12.6年，居民总体满意度80.1%；瑞典的发展指数排名第9，基尼系数0.25，性别平等指数居第3，居民平均受教育年限11.6年，居民总体满意度79%；荷兰的发展指数排名世界第7，基尼系数0.309，性别平等指数居全球第1，居民平均受教育年限11.2年，居民总体满意度78%。④

近一个时期，我国国内也出现了许多关于居民幸福感的调查和城市幸福程度的测评。这些调查和评估表明，公民的幸福程度与政府的治理同样有着极其密切的关系。例如，最近一项关于深圳居民幸福感的调查显示，在10项最满意的指标中，与低碳生活有关的占了前7项。在10项最不满意的指标中，道德风气和社会公平的得分最低，接下去依次是社区噪音、卫生医疗、社会治安，以及社区居民参与。[⑤]这些调查表明，政府的公共治理与居民的生活幸福和满意程度紧密相关。因此，无论是从哲学的角度还是从日常生活的角度看，善治事关人民的幸福，它集中体现了政府对人民幸福应当提供的必要条件和应当承担的责任，具体地说，它主要体现在以下六个方面。

第一，政府责任与人民幸福。在全球化时代，政府责任的清单中应当增加醒目的一条，即如温家宝总理所说的"让人民生活得更加幸福，更有尊严"。为公民的幸福生活创造外部条件，努力让公民有更大的幸福感，应当是政府义不容辞的责任。建设责任政府已经成为世界各国的共同目标。什么是责任政府？责任政府就是政府要对人民负责，对人民的幸福生活负责。进而言之，要建立一系列的制度和机制，要保证政府履行对人民幸福生活的承诺和责任。如果政府失职，没有履行应当履行的责任，没有兑现自己的承诺，应当有制度追究失职官员和政府的责任。公民的幸福指数，应当成为评价政府民主治理的一个重要指标。

第二，经济发展与人民幸福。人民群众的物质生活水平，是其幸福生活的基础条件。正如亚当·斯密所说：如果一个社会中的大部分成员贫穷而又悲惨，这个社会就谈不上繁荣幸福。[⑥]没有必要的经济收入和财产，幸福生活就无从谈起。俗话说："钱不是万能的，但没有钱是万万不能的。"要使人民群众过上一种富足的生活，就要大力发展经济，就要转变经济增长的方式，改善民生。这与政府的发展战略直接相关，在中国尤其如此。发展是硬道理，无论是发达国家还是发展中国家，经济发展仍是政府的核心任务，但发展应当是政治、经济、文化、社会和生态的协调发展。仅有经济增长，没有社会的全面发展，不仅不可能有人民的幸福生活，甚至可能会破坏生态环境，造成社会不公，从而给社会带来灾难，给人民造成痛苦。

第三，公共服务与人民幸福。人民的幸福生活需要安居乐业，需要国泰民安，需要文化教养，需要健康和睦，需要交通便利，需要生态平衡，所有这些都与政府的公共服务密不可分。建设服务型政府不是一句空洞的口号，而必须有公共财政和制度机制的保证。政府应当随着经济的发展和财政收入的增加而不断加大对公共交通、基础教育、环境保护、社会治安、健康医疗、养老失业、扶贫济困的预算投入，努力扩大公共服务的范围，改善政府服务的质量。公共服务的质量在很大程度上决定着人民的生活质量。

第四，政府治理能力与人民幸福。人类之所以需要政府，是因为人类的生活需要秩序和规范，因此，公共管理是政府的基本责任。强调政府的服务，并不意味着弱化政府的管理职能。公共管理和公共服务都是政府的基本职能，它们是相辅相成的，既不可分离，也不可偏颇。如果一个地方经济发达、人民富裕，但社会动荡、秩序失控、犯罪猖獗、安全缺失，人民群众也不可能有幸福生活。政府治理的无能和失效，只会给人民带来痛苦和不安。政府的治理能力来自政府官员的素质和法律规范，两者缺一不可。我们既要想方设法提高政府自身的素质，也要健全法制，严格依法行政，依法管理社会。在现代社会中，政府的治理能力主要是指政府依法管理公共事务的能力。在社会领域中，我们应当充分发挥德治的作用，但在国家事务中，我们必须依靠法治。建设法治政府，是提高政府治理能力的根本途径。

第五，政府的民主治理与人民幸福。人是天生的政治动物。除了满足衣、食、住、行的基本物质需要之外，还有自由、平等、参与等政治需求。只有在保障和实现公民经济权益的同时，也保障和实现其政治权益和文化权益，人们才会有生活的幸福感。民主和民生从来就不可分，是人民幸福生活的两个基本保障。人民要生活得有尊严，就要创造条件让他们参与公共生活的管理，就要不断扩大公民参与的渠道，保障人民的选举权、知情权、参与权、监督权、自由权和平等权。努力扩大民主，让人民群众真正当家作主，这是政府的重大责任，也是通往幸福生活的必经之路。

第六，公民教育与人民幸福。人类的幸福毕竟直接体现为个人的主观感觉，这与他自身的人生观、世界观、道德观、权利观密切相关，而这些都是人们在社会化过程中习得的。一个自私自利、心胸狭隘、贪得无厌的人是很难有幸福生活的。追求个人幸福也不能损人利己，只讲权利不讲义务，只顾自己不顾他人。这就涉及公民教育问题。政府如何对公民进行教育至今仍是一个极有争议的问题，自由主义、社群主义和马克思主义在公民教育问题上各有不同的主张。我认为，在幸福观上，公民教育首先应当树立这样一种观点，即追求和创造幸福生活既是公民自己的责任，也是公民自己的基本权利。公民有权对政府提出追求幸福生活的正当主张，幸福生活要靠自己的努力奋斗去争取，但公民在追求自己的幸福生活时也必须承担相应的义务和责任。特别重要的是，公民在追求自身的幸福时不应妨碍别人的幸福生活，这就要求公民必须遵守基本的社会规范，特别是国家的法律。

总而言之，在现时代，政府对公民的幸福生活承担着日益重要的责任，公民的幸福程度应当成为评价政府民主治理的一个重要指标。但是，政府对公民幸福的责任是有限的，而绝不是无限的。政府对公民幸福生活所提供的条件是重要的，甚至是必要的，但并不是充分的，公民幸福的许多条件是政府无能为力的。幸福首先是一种个人的主观体验，政府的作用毕竟是外在的，归根结底，公民自己才是幸福生活的主体。政府没有为公民的幸福生活提供客观条件是一种重大失职，但试图超越自己的能力去实现公民的幸福，或者试图替代公民去实现公民的幸福，则是相当危险的。政府对公民的幸福生活既需要积极的作为，也需要消极的不作为。如何在这两者之间划定界限，需要极大的政治智慧，而这正是政治家和政治思想家共同的任务。

注释：

① 温家宝：《让人民生活得更加幸福、更有尊严》，在2010年春节团拜会的的讲话，HTTP：//WWW. CHINANEWS. COM. CN/GN/NEWS/2010/02－12/2123548. SHTML；又见温家宝2010年3月5日在第十一届全国人民代表大会第三次会议上所做的《政府工作报告》，载《人民日报》，2010年3月16日。

② [英]伯特兰·罗素：《社会改造原理》，上海人民出版社2001年版。

③ 俞可平：《治理与善治引论》，载《马克思主义与现实》1999年第5期。

④ 参阅联合国《2010年人类发展报告》，www. un. org/zh/development/hdr/2010/。

⑤ 郑英：《让幸福脸谱成为深圳社区群像》，载《深圳商报》2010年12月2日。

⑥ [英]亚当·斯密：《国民财富的性质和原因的研究》（上），商务印书馆1972年版，第72页。

2. 论尊严、公正观念产生的历史条件

俞吾金*

众所周知，尊严（dignity）和公正（justice as fairness）并不是两个孤零零的价值观念，它们从属于西方社会从文艺复兴、宗教改革和启蒙运动以来形成的价值体系。与这两个价值观念相洽的是平等、自由、民主、博爱、理性、科学等价值观念。所有这些价值观念以及它们在相互融洽的基础上形成起来的整个价值体系，既不可能由某种力量从外面赋予一个社会，也不可能从这个社会的少数天才的大脑中自然而然地产生出来，而是在这个社会自身的发展中、在一定的历史条件下形成并发展起来的。下面，我们对尊严和公正观念得以可能的历史条件做一个简要的论述。

一、尊严、公正观念的社会条件

在《精神现象学》（1807）中，黑格尔把人类社会的发展划分为两个阶段：第一个阶段是"原始伦理实体"，即以血缘关系

---

* 俞吾金，复旦大学哲学学院教授、博士生导师。

和地域性关系为基础的原始伦理共同体。在这样的共同体中，伦理精神"就是一切个人的行动的不可动摇和不可消除的根据地和出发点，——而且是一切个人的目的和目标，因为它是一切自我意识所思维的自在物"①。也就是说，在原始伦理共同体中，个人只有肉体上是独立的，精神上则完全依附并从属于共同体。正如黑格尔所说："个体性在这个王国里，一方面只出现为普遍的意志，另一方面则出现为家庭的血缘，这样的个别的人，只算得是非现实的阴影。"②在原始伦理解体后，人类社会进入了第二个阶段，黑格尔称之为"法权状态"。在这个阶段中，"普遍物已经破裂成了无限众多的个体原子，这个死亡了的精神现在成了一个平等〔原则〕，在这个平等中，所有的原子个体一律平等，都像每个个体一样，各算是一个个人（Person）"③。黑格尔所描述的这种"法权状态"或许可以以孟德斯鸠的《论法的精神》（1748）作为自己的标志。在黑格尔看来，处于法权状态下的个人，不仅在肉体上是独立的，而且在精神上也是独立的。作为公民，人与人之间的关系是平等的。

其实，黑格尔在《精神现象学》中所说的"法权状态"，在其晚年著作《法哲学原理》（1821）中则成了"市民社会"。黑格尔认为："在市民社会中，每个人都以自身为目的，其他一切在他看来都是虚无。但是，如果他不同别人发生关系，他就不能达到他的全部目的，因此，其他人便成为特殊的人达到目的的手段。但是特殊目的通过同他人的关系就取得了普遍性的形式，并且在满足他人福利的同时，满足自己。"④在这个基本含义上，也可以把市民社会理解为"需要的体系"⑤。从这些论述可以看出，英国古典经济学派尤其是亚当·斯密的思想对黑格尔的重要影响。然而，在晚年黑格尔的语境中，市民社会是家庭和国家之间的中间环节，它的形成比国家晚，"它必须以国家为前提，而为了巩固地存在，它也必须有一个国家作为独立的东西在它的面前"⑥。但与此同时，黑格尔又强调市民社会对个人权利的保护作用："市民社会必须保护它的成员，防卫他的权利；同时，个人亦应尊重社会的权利，而受其约束。"⑦

马克思批评了黑格尔在市民社会问题上的观念主义和保守主义的倾向，肯定在现代生活中，市民社会是国家的基础，市民社会应该与国家分离开来，制衡国家的权力，并保护每个公民的尊严、自由、权利以及处理公民关系的公正性。在《论犹太人问题》（1844）一文中谈到"人权"问题时，马克思明确地指出："这种个人自由和对这种自由的享受构成了市民社会的基础。……此外还有两种人权：平等和安全。"⑧在马克思之后，葛兰西在《狱中札记》（1929—1935）中进一步把市民社会与政治社会（国家）分离开来，并对市民社会的内涵作出新的阐释。

所有这些都表明，像尊严、公正这样的价值观念的形成是有其社会条件的，那就是现代市民社会的形成和壮大。然而，在现代中国，显然还匮乏西方意义上的充分发展的市民社会，因而尊严、公正这样的价值观念仍然得不到应有的保障。事实上，在实际生活中有损于个人尊严和有损于个人与个人之间的公正关系的现象时有发生。这充分表明，在追求尊严、公正这样的价值观念的同时，我们也必须追求与这些价值观念相适应的社会条件。正如鱼只有生活在水中才能维持自己的生命一样，尊严和公正的价值观念也只有在充分发展的市民社会中才能获得充分的保障。

二、尊严、公正观念的精神条件

如前所述，尊严和公正的价值观念从属于一定的价值体系，而这一价值体系又是在近代西方社会的一系列精神运动的基础上形成并发展起来的。在这些精神运动中，文艺复兴、宗教改革和启蒙运动起着至关重要的作用。事实上，也只有在这些精神运动的总体氛围中，在与其他价值观念（如平等、自由、民主、博爱、理性、科学等）相洽的关系中，尊严和公正才能获得自己的有效性和可操作性。试以"自由"这种价值观念为例：显然，在人人都失去了自由的极为可怕的精神氛围中，个人的尊严和个人与个人关系上的公正都无法维持。甚至可以说，尊严和公正这两种价值观念也互为前提。假如每个人的尊严都得不到保证，那么个人与个人关系上的公正只能是一句空话。反之，假如个人与个人关系上的公正得不到充分保障，那么至少有一部分人的尊严肯定会被损害甚至被侵犯。

当某些先进的中国人把尊严、公正这些价值观念，甚至与之相洽的整个西方近代价值体系移植到中国来时，他们希望整个中国社会能够无保留地接受这个价值体系，但他们却忽略了一个重要的事实，即现代中国社会从未经历过文艺复兴、宗教改革和启蒙这样的精神运动，而精神实际上是无法以抽象的方式，即脱离相应的精神运动的方式被移植过来的。

比如，在宗教领域里，现代中国社会从未发生过类似于欧洲"宗教改革"这样声势浩大的精神运动，也从未涌现出像狄德罗、霍尔巴赫这样伟大的无神论者和相应的振聋发聩的无神论著作。因而可以说，现代中国的文化精神和价值观念依然漂浮在根深蒂固的传统宗教意识和迷信思想中。"文化大革命"中的"造神运动"，包括"个人崇拜"、"早请示、晚汇报"和"跳忠字舞"，到后"文化大革命"时期的"张悟本事件"、"李一道长事件"，以及日常生活中各种迷信现象的泛滥——看面相、看手相、看风水、抽签、算命、烧头香、撞头钟、辟邪、佩带吉祥物等等。由于传统的宗教意识和迷信观念从未在社会性的精神运动中得到彻底的清算,因而奠基于科学和理性之上的价值观念,包括尊严和公正的观念,在现代中国社会的实际生活中根本上得不到人们的普遍认同。

再如,在文化领域里,现代中国社会从未经历过18世纪欧洲式的启蒙运动。虽然"五四"前后的新文化运动倡导民主、科学、理性和个性,但由于从1840年鸦片战争以来,民族救亡成了中国社会最紧迫的主题,启蒙时断时续,始终处于边缘化的状态中。由于缺乏声势浩大的、持续性的启蒙运动,现代中国人本质上仍然是穿着现代服装的古代中国人;不但像尊严、公正这样的价值观念,而且近代西方社会的整个价值体系,都无法在现代中国人的精神生活中真正扎下根来。近年来,尽管有些知识分子提出"新启蒙"的口号,但在当前意识形态构建起来的总的精神氛围中,"新启蒙"始终不可能升格为时代精神的焦点和主题。换言之,边缘化仍是它的命运。

总之,现代中国人不可能像冯友兰所提倡的那样运用所谓"抽象继承的方法",只把近代西方社会的价值观念乃至整个价值体系移植过来,而不把相应的精神运动一起移植过来。一旦被移植过来的抽象价值观念缺乏相应的、社会性的精神运动的支撑和演绎,它们很快就会枯萎下去,丧失自己的影响力。在这个意义上可以说,没有相应的精神条件,尊严、公正这样的价值观念根本无法确立起来。即使靠某些人的扶植而勉强确立起来,也无法产生持久的作用和影响。

三、尊严、公正观念的主体条件

无论是个人的尊严,还是个人之间关系上的公正,都是以现代市民社会中形成并发展起来的新的主体为基础的。黑格尔指出："在法中对象是人（Person），从道德的观点说是主体（Subjekt），在家庭中是家庭成员，在一般市民社会中是市民（即 bourgeous［有产者］），而这里，从需要的观点说是具体的观念，即所谓人（Mensch）。因此，这里初次、并且也只有在这里是从这一含义来谈人的。"⑨在这段重要的论述中，黑格尔谈到了现代人在法律、道德、市民社会、需要的观点上的不同的表现形式，其中最重要的形式是法律上的 Person，即人格（合起来可以称之为"法权人格"）和道德上的 Subjekt（合起来可以称之为"道德实践主体"）。

就"法权人格"而言，这里涉及的"法"主要是指现代民法，"法权人格"这个概念表明，个人应该自觉地遵循法律、服从法律，不但按照法律维护自己的尊严和权利，也按照法律维护他人的尊严和权利，并公正地处理个人与个人的关系。马克思在谈到现代社会中个人的自由时曾经指出："这种自由使每个人不是把别人看作自己自由的实现，而是看作自己自由的限制。"⑩马克思这里提到的自由后来被以赛亚·伯林表达为"消极的自由"。其实，当马克思肯定这种自由时，不但为个人的尊严而且也为个人关系中的公正奠定了基础。

就"道德实践主体"而言，这里涉及的"道德"主要是与市民社会这个"需要的体系"相切合的、以边沁和穆勒为代表的功利主义道德观念。我们或许可以用"我为人人，人人为我"这样的日常用语来表达这种功利主义的道德观念。

如前所述，不但公正存在于主体之间，而且尊严也存在于主体之间。事实上，只要主体 A 羞辱主体 B 的尊严，他也就等于赋予主体 B 羞辱自己尊严的可能性。在无限制的相互羞辱中，每个主体的尊严都被剥夺了。也就是说，无论是公正或尊严，还是其他的价值观念，它们的存在方式都体现为主体际性的。这启示我们，只有当法权人格和道德实践主体在现代社会中被普遍地确立起来，即达到普遍的主体际性时，尊严、公正和其他价值观念才能得到充分的实现。

注释：

① [德] 黑格尔：《精神现象学》下卷，商务印书馆 1981 年版，第 2 页。
② 同上书，第 20 页。
③ 同上书。
④ [德] 黑格尔：《法哲学原理》，商务印书馆 1979 年版，第 197 页。
⑤ 同上书，第 203 页。
⑥ 同上书，第 197 页。
⑦ 同上书，第 241 页。
⑧ 《马克思恩格斯全集》第 1 卷，人民出版社 1956 年版，第 438 页。
⑨ [德] 黑格尔：《法哲学原理》，第 205—206 页。
⑩ 《马克思恩格斯全集》第 1 卷，人民出版社 1956 年版，第 438 页。

3. 尊严与公正概念的政治哲学思考

顾 肃*

让人民生活得更加幸福、更有尊严，让社会更加公正、更加和谐，这是今天中国一个富有感召力的政治诉求，也是广大民众的普遍要求。

人的尊严和社会公正问题是政治哲学的重大论题，古今思想家从不同的角度进行了论述，至今仍然是政治哲学讲座的热点话题。这些讨论和论述涉及关于人性、人的基本权利的根本出发点，而本文主要就人的尊严的道义与法理基础、公正论的平等观进行分析阐述。

一、对人之尊严和权利的道义论述

人的尊严概念是人的权利的基本出发点。这一概念多次出现在关于人权的政治宣言之中。联合国《世界人权宣言》的序言"承认与生俱来的尊严"，而《公民权利和政治权利国际公约》、《经济、社会及文化权利国际公约》均在序言中明确提及

---

* 顾肃，南京大学哲学系教授，复旦大学社会科学高等研究院研究员。

"尊严"。联合国宪章在序言的第二句即重申"对基本人权、对人的尊严和价值的信念"。在其他许多人权文件和人道主义法条中均可发现"尊严"一词,尊严是人权的核心概念,对于理解人权十分重要。

虽然"与生俱来的尊严"这个概念并没有正式的法律含义,但"尊严"通常被解释为"得到重视和尊重",而"与生俱来"则意指"作为某个事物自然的或基本的部分而存在,不能被移除或改变"[①]。可见,"与生俱来的尊严"强调的是作为人的自然的、基本的、不得移除或变更的价值。美国学者J. 莫森克在解释《世界人权宣言》的起草过程时指出,起草者们关心的是,依靠自然法和神的存在不应当成为相信或保障人权的前提,因而采用了"与生俱来"一词,而不是传统的自然法或神法。"人们拥有这些道德权利,乃是因为其作为人类大家庭的成员,而不是因为任何外在的力量或因素。"[②]

人的尊严成为《世界人权宣言》的关键概念,成为论证人权的一个起始概念,受到古今政治哲学的持续支持。思想家们从不同的角度论证了人的尊严的意义和价值,并且由此推导出公民权利的正当性。无论是"与生俱来的"尊严,还是自然法所论证的尊严,都与人的自然权利密切联系在一起,或者说,人的尊严是人的自然权利的一个重要组成部分,是其理论上证成的起点。而人的尊严概念的必然推论便是普遍的平等观,即人在人格和法律权利上的平等。

在西方政治和道德哲学中,自然权利的理论源远流长。早在古代希腊晚期的斯多亚派即已阐述自然法的基本理论。他们认为只有理性才是道德的基础,而法律是神和人的一切行为的统治者。他们所推崇的一个重要的自然法原则就是平等原则,他们深信人们在本质上是平等的,由于性别、阶级、种族或国籍的不同而对人进行歧视是不正义的，是违背自然法的。这种思想一直影响了像阿奎那这样的经院哲学大家，他把法律区分为永恒法、自然法、人法和神法，而自然法是理性动物参与永恒法的结果。阿奎那认为，自然法由人的理性、心理特征所组成，并且包括指引人达到善的理性命令。这些命令是"自然的"，由于任何人都有按理性行事的自然倾向，即按美德行事，所以善举都是由自然法规定的。他强调，专横的、压制的、渎神的法规不能束缚良知。如果不利于人类幸福，或是统治者制定的法律成为臣民的沉重负担，助长自己的贪婪和虚荣，所规定的负担在全社会分配不均，那么这种法律便与暴力无异，根本不合法，因而也不能算做法律。这种自然法思想尽管与近代以来的自由主义思想家存在相当的差别，但后者仍然在一定程度上继承了前者的一些内容。霍布斯和洛克等人所阐述的社会契约论把自然法进一步建立在假想的世俗契约的基础上，从而赋予自然权利以新的意义。

当代哲学家罗尔斯进一步以契约论来论证人的自然权利。他把正义原则看做是原初状态下人们订立契约的产物。但这里的原初状态与古典社会契约论对签约者的描述不同，因为这些人具有平常人的鉴赏力、才华、理想和信念，但他们是在所谓"无知之幕"之后——即不知道彼此的出身、财产、社会地位等背景知识的基础上——订立公正的契约。由此产生的两个正义原则中的第一条便是平等的自由权，即每个人都享有与他人所享有的自由相适应的最大的政治自由。因此，罗尔斯的自然权利是建立在假想的契约基础上的，许多批评者不能同意这种假设。但罗尔斯一开始就承认这是一种假设，问题在于，它具有某些理论和道德上的魅力。德沃金对此的说明是："表现在这种原初状态中的条件正是我们实际上接受的条件。或者，如果我们没有接受这些条件，我们或许也能被哲学的思考说服，去接受它们。契约状态的每一个方面都可以提出支持的理由……另一方面，这个概念也是一个直觉的概念，它具有自己的精妙之处，所以通过它，我们可以较清楚地确定一个可以使我们更好地解释道德关系的立场。我们需要一种能从远处观察我们的目标的概念，正是原初状态的直觉概念为我们做到了这一点。"③假想的契约与人们实际上的选择相重合，不会有人在知道自己人格方面的平等权利以后还会心甘情愿地充当奴隶（无论是身体上的还是精神上的）；以这种历史的机缘来论证自然权利，的确具有某些道义的感召力。

自然权利的提倡者还反复论证了权利的普遍道义特性，将之与人的尊严、自尊联系起来。他们强调，权利是一种根本性的道义产物，因为权利使人作为自尊的人站立起来，"用眼睛正视他人，以根本性的方式看待人们间的平等。把自己当做权利的持有者，这不是不应有的骄傲，而是恰如其分的自豪，具有这种最低程度的自尊，对于热爱并尊重他人也是必要的"④。任何人如缺乏自己作为权利持有人的观念，便难以意识到人的尊严的基本因素，也就难以把自己和他人当做目的而不只是手段。当考虑人的行为合理性时，如果不把人当做权利的持有人，那么对人的尊重就成了一句空话，人的尊严便成了无本之木。在自然权利论者看来，为了维护人的尊严，就应当承认并重视自然权利。因此自然权利不只是一种法律范畴，也是一种道德范畴。为了避免人的道义尊严被剥夺，就必须承认并尊重人的自然权利。

德国哲学家康德反复论述了人的尊严的道德意涵。他指出，道德法则对人显示的命令是一种"定言命令"（又叫"绝对命令"）。所谓"定言命令"就是任何人都普遍具有的一种无条件的、必然的、先验的指挥行为的力量,它不受任何经验、情感欲望、利害关系、效果有无等条件的限制,而是以其自身为根据而成立。"定言命令"不同于以个人利益和幸福为基础的有条件的、相对的"假言命令"。"假言命令"是由人主观决定的,它把道德当做满足个人利益与欲望的手段,计较行为的效果。而"定言命令"是一种强制的客观力量,它要求必须无条件服从。只有从"定言命令"出发的行为,才是道德行为,"定言命令"是道德的最高原则。"定言命令"是人们道德行为的最高准则,具有普遍有效性,并成为普遍的立法原则。定言命令"所涉及的不是行为的质料,不是由此而来的效果,而是行为的形式,是行为所遵循的原则。在行为中本质的善在于信念。至于后果如何,则听其自便。只有这样的命令式才可以叫做道德命令"⑤。

康德提出了关于人是目的的普遍道德原则:"它同时也是一条客观原则,作为实践的最高根据,从这里必定可以推导出意志的全部规律来。于是得出了如下的实践命令:你的行动,要把你自己人身中的人性,和其他人身中的人性,在任何时候都同样看做是目的,永远不能只看做是手段。"⑥这句话被简洁地表述为一句格言:人是目的,不是手段。任何时候都应当把人当做尊重的对象。在康德看来,意志是决定自己依照规律的概念去行动的一种能力,这种能力只有理性者才具备,而作为意志"自主"所依照的客观依据就是目的,如果这个目的纯粹地出于理性,就一定适用于一切有理性者。所以,理性本身应该就是目的,人之所以作为理性者存在,即由于他自身就是"客观目的",也就是说,人是以自身为目的而存在的。理性不能是手段,每个人自己是目的,人与人互相也要把对方看成目的。所以,每个人本身都是一个绝对价值,一个"人格"。人格具有

"尊严"。一般所谓价值可用等价物来替换,但尊严作为价值超乎一切,是不可替代的、超越感性世界的一切价值的绝对价值。康德由此进一步引申出"目的国"的概念。他说:"无论是谁在任何时候都不应把自己和他人仅仅当做工具,而应该永远看做自身就是目的。这样就产生了一个由普遍客观规律约束起来的有理性东西的体系,产生了一个王国。"⑦在这个国度里,每个理性存在者都是立法者,同时又都服从自己颁布的道德律;每个人都是目的,不是单纯的手段,因此,每个人既对自己的行为负责,又同时承担着共同责任,个人意志自由与道德责任感达到了完善的统一。从康德关于人是目的的这些经典论述中,可以看出他对于人的尊严的道德意涵之极端重视,将之上升到最高道德命令的地位。

关于人的尊严,中国传统的政治哲学思想也不乏论述。中国古代思想虽然没有像西方哲学家那样从自然权利来系统论证尊严概念,但从思想家有关仁和仁政的论述中,我们仍可看到对于人的尊严的深刻思考。仁者爱人,体现出对于人的普遍价值的尊重,孔子在界说仁的含义时,从不同的角度述及人格平等和相互尊重的论题。如《论语》记载的孔子与其弟子的对话:"子贡曰:如有博施于民而能济众,何如?可谓仁乎?子曰:何事于仁,必也圣乎!尧舜其犹病诸!夫仁者,己欲立而立人,己欲达而达人。能近取譬,可谓仁之方也已。"(《论语·雍也》)自己求立,并使人亦立;自己求达,并使人亦达,也就是自强不息,善为人谋,成己成人。"能近取譬"是为仁的方法,即由近推远,由己推人;己之所欲,亦为人谋之,己之所不欲,亦无加于人。作为这种仁学之基础的,正是对于自己和他人的平等尊重。

正因为己欲立而立人,己欲达而达人,所以其根本出发点是爱人。"樊迟问仁，子曰爱人。"（《论语·颜渊》）推己及人的仁者爱人，注重这种爱的有益于人。"爱之能勿劳乎？忠焉能勿诲乎？"（《论语·宪问》）由仁而论及仁政，即政治人物治理国家社稷之道，以仁爱之心从事治理和统治，这背后仍然是对人的尊重。孔子和孟子均反复告诫统治者施仁政，国家方能长治久安。"民贵君轻"之类的学说也是希望统治者把民众的利益放在心上，不要自以为了不起，轻视民众，侵犯其利益。

关于儒家的核心理念仁和作为政治哲学的仁政思想，学界曾经有过相当的争论，尤其是在以阶级斗争为纲的极"左"政治时代，激进的理论家大多批评仁和仁政学说的虚伪性，批评孔孟之道维护等级制。作为中国长期封建专制制度的官方意识形态，孔孟之道的确有维护三纲五常的等级制的一面，这是对于"民可使由之，不可使知之"一类不平等的政治学说系统延伸的结果。但是，作为儒家学说核心的仁和仁政学说的道德和政治哲学的普遍意义，曾经被相当地忽视和误解。今天看来，极"左"政治对于包括人的尊严、权利、仁者爱人、仁政学说等普遍价值观的否定，包含了理论上的自毁墙角的弱点。如果把人严格划分为对立的类别（尤其是以敌我划分人群），只爱一部分人，而恨另一部分人，只尊重一部分人，而轻蔑另一部分人（这种爱憎大多以人的身份、地位和经济状况为划界标准，无论是左翼激进派以穷人或贱者为尊，还是右翼保守派以富者或贵者为尊），那就无法在普遍的道德基础上进行评价，也无法肯定普遍的人之尊严和权利。

今天，重新理解儒家关于仁和仁政的论述，以及其背后对于人的价值的普遍尊重和对于推己及人的平等伦理观的强调，仍然具有理论意义。这种普遍价值恰恰是我们进行道德和政治评判的基础，任何政治人物和集团，无论其政治宣言如何，归根到底还是要看其是否普遍地尊重人，尊重人的权利，为人民谋幸福。今天我们提倡让人民生活得更有尊严，维护公民的普遍权利，也可以从传统的道德和政治哲学中借鉴合理的成分，而仁和仁政的学说就是一种宝贵的思想资源。同样，西方政治和道德思想中有关自然权利和人之尊严的诸多论述，包括人是目的、不是手段的最高道德律令，同样是重要的精神瑰宝。

二、对公正理论的平等观之哲学反思

社会公正（或正义）概念是最基本的核心价值之一，也是政治哲学讨论的一个核心问题，同样是一个在今天的中国社会最容易激起激烈讨论和投入情感因素的话题。在大多数政治哲学著作中，社会公正被视为分配正义理论的一部分，这两个概念经常相互替换使用。因此，社会公正问题的讨论与整个正义理论密不可分。社会公正包含若干核心概念，如应得、需要、程序和平等。我们在此主要讨论社会公正理论中的平等问题，论述几种代表性理论。

1. 罗尔斯的自由平等和福利观。在当代自由主义政治哲学家中，罗尔斯是比较强调平等的，有人把他划为中间略偏左的自由主义者，指的也是他在坚持自由主义基本原则的时候，又比较强调分配结果的某种方式的平等。

罗尔斯理论的核心是两个正义原则及其优先排列。从原始协议出发，罗尔斯讨论了正义原则的具体内容。按照主体的不同，正义又可分为两种：对制度来说的正义和对个人来说的正义。罗尔斯指出，关于制度的正义的首要对象是社会基本结构，即把主要社会制度安排成为一种合作体系。制度本是一种公共规则体系，这些规则规定了官职、地位以及它们的权利、义务、权力和豁免权等等,规定了在违反规则时如何惩罚和辩护等条件。社会基本制度则指政治制度与主要的经济和社会安排,如思想和信仰自由的法律保护、自由竞争的市场、生产资料所有制以及一夫一妻制的家庭等等。所有这些制度合在一起,作为一种体制来说,就是指社会基本制度规定了人们的权利和义务,并影响着他们的生活前途,他们能指望成为什么样的人,以及怎样顺利地做到这一点。有些社会制度偏袒某些社会出身而贬低另一些社会出身,这些是严重的不平等。这种不平等在任何社会的基本结构中一般又不可避免。因此,社会正义的原则首先应适用于这种不平等。一个社会体制是否正义,主要是看其基本权利和义务如何分配,以及不同社会部门的经济机会和社会条件。为此,罗尔斯在原始协议的基础上反复论证了下述两条基本正义原则:

第一,每个人都具有这样一种平等权利,即与其他人的同样自由相容的最广泛的基本自由;

第二,社会和经济的不平等将是这样安排的:(1)合理地指望它们对每个人都有利;(2)加上地位和官职对所有人开放。[8]

罗尔斯声称,第一个原则适用于社会基本结构的第一部分,即社会制度规定和保障公民的各种基本的平等自由,包括政治自由(选举权和出任公职的权利),言论、集会、信仰和思想自由;人身自由和财产权;法治概念中所规定的不受任意逮捕和搜查的自由,等等。这些写入现代各国宪法的平等自由权利正是罗尔斯第一个正义原则优先肯定的,它要求正义社会的公民拥有同样的基本权利,享受这方面同等的自由。所以,第一个原则又叫平等原则。第二个正义原则适用于社会基本结构的另一部分,即社会制度规定和建立社会、经济不平等的方面,也就是社会合作中利益和负担的分配。它适用于人们在收入和财富的分配以及在使用权力方面的不平等,故又称为不平等原则或差别原则。它承认人们在分配的某些方面是不平等的,但要求这种不平等对每个人都有利;人们在运用权力方面也是不平等的,但同样必须遵从官职对一切人开放的原则,即具有同样才能的人拥有从政的同等机会。

两个正义原则在罗尔斯优先性的安排上不是并列的,他强调第一个原则即平等原则更为基本和优先,如果违反了它,第二个原则也就无足轻重。因此,他更看重人们在基本自由权利上的平等。罗尔斯还认为,光有机会均等这一点,如果不认真地加以区别和澄清,也还是不够的。例如,从道德的观点来看,人们中才能、能力和工作潜力的分布就像性别、家庭财产和社会阶级的分布一样是随机的。某人因为比另一人更有才能而得到更多的收入,这就跟某人因为出自某个宗教的背景而有权拥有更多财产的情形是一样的,这种权利本身并没有多少根据。因此,罗尔斯认为,只有把人类的财富当做是集体的社会的财富,分配才能是公正的,所以唯一公正的原则是不平等只在有利于境况较差的人时才能接受。⑨

由此可见,罗尔斯的社会正义原则是对社会基本制度的分配方面的规范性要求。它以假想的原始契约为前提,强调公民各种基本自由权利上的平等,而对由于才能、机遇、努力程度等多种因素引起的人们间的不平等,主要是经济不平等,罗尔斯则以差别原则进行规约,即最不利者必须有所得益。这一差别原则与古典自由主义的基本观点已有相当大的不同,它实际上提倡一种形式的取富济贫的再分配,吸取了福利国家的某些基本思想。

2. 德沃金的平等权利论和资源平等观。当代著名法哲学家德沃金一生都在强调认真对待平等权利。他认为集体目标始终指向社会的整体福利。比如经济效率是一种集体目标，它要求机会和责任的分配能产生最大的经济利益。为了实现经济效率，政府可以有选择地对某些工业部门实行补贴，而在别的情况下又可惩罚性地征税。平等观念也可以作为一种集体目标。任何集体目标都意味着在一定情况下的某种分配；平等作为一个目标，意味着在某种情况下立即和完全的再分配，在另一些情况下则是部分的和有差别的再分配。但无论何时，分配原则都应服从总的共同福利的概念。德沃金强调，在所有的个人权利中，最重要的是平等权利，即关怀和尊重的平等权利，尤其是政府应当平等地关怀和尊重人民。他在《原则问题》一书中对平等的抽象原则予以了阐述："这种形式的自由主义坚持政府必须在以下的意义上平等地对待其人民，它不得借助任何公民如不放弃其平等价值便不能接受的理由而牺牲或限制任何公民。"[⑩]在德沃金看来，不应该将此平等关怀和尊重的原则视为可从罗尔斯所采用的那种契约论证中推导出来，因为罗尔斯的契约预设了平等关怀和尊重的原则，但契约本身并不能证明此原则。在缺少某些实质性道德和政治观的前提下，自由主义的这一构成原则何以得到证明？德沃金对此的回答是："我认为，这一原则太具有根本性，以致难以接受以通常形式所作的证明。看起来不大可能从得到较广泛接受的更普遍和基本的政治道德原则推导出这一原则。也不能通过政治理论中流行的论证方法来确立此原则，因为这些方法已经预设了某种特定的平等观念。"[⑪]

德沃金致力于论述平等原则，将平等视为至上的美德。但是，他认为可以接受和实现的平等是资源平等，而不是福利平等。因为无论是从个人的成功（相对或总量上的成功）还是从个人对于幸福的感觉的角度来论证福利的平等，都包含了太多的主观和相对的因素，因而难以确定客观的平等标准，难以避免各种因人而异的规定。所以，德沃金放弃了福利平等作为平等规范要求的努力，而认为真正可行的是资源的平等，即人们在一个社会可以利用的资源上的平等拥有，然后通过类似于市场上购买保险的方式来解决人们在现实生活中因为生理和心理能力、努力程度、兴趣、才能和技能等的差异而形成的差别问题，亦即运气问题。政府税收可以说是以集体的名义购买的保险，而个人自己自由选择的保险可以涵盖诸如个人爱好、因意外事故或衰老而造成的残疾、选择的运气和无情的运气等因素对个人生活的影响。[12]

3. 程序正义论的平等观。作为程序正义的重要发言人，哈耶克反对所谓社会正义。因为社会正义的典型特征是，它并不关注保障个人自由不受强制和干预以便让每个人都追求其自身的利益，而是关注社会机制的特定结果，即在经济分配的结果上体现具体的社会目标或正义原则。无论是按照需求、应得还是按照其他的标准，这种社会正义不关心程序和过程的公正性，而只对分配结果感兴趣，或者如诺齐克所说的是模式化的分配原则。社会正义论是一种目的论理论，因为它将分配的规则与获得某种总体社会目标联系在一起，即按照某种认同的类型来分配社会产品。

哈耶克与社会正义论的分歧是原则性的。他这里所说的社会正义论是狭义的，即集中关注经济分配的结果之公正与否，而坚持程序正义论的自由至上主义者显然对此不感兴趣。哈耶克坚持认为，非正义总是与个人特定的意向行动联系在一起。当个人侵犯他人由正义和普遍化的规则所保障的自由领域时，非正义便出现了。当把社会看做是不依赖目标的自发的实体时，每个以自己的方式追求善的观念的个人行动的结果便不是任何人所有意设计或预期的。社会结果在总体上不是有意的人为设计，而是个人以自己的方式有意识地追求自身目的的行为所产生的非意向的结果。因此，哈耶克否定这样的观点，即由于个人经历贫困而将自由市场的运作视为不公正，由此批判自由市场制度本身。贫穷本身不是非正义，因为在一个由法律和正义统治的自由经济中，无数个人在买卖交易中追求其自身目标，从中肯定会产生特定的收入、财富、物品或服务结果，但这本身不是收入与财富的"分配"，而是这些买卖过程的非意向的结果。社会非正义意味着分配不公，但分配不公本身却以分配者有意制造这种恶性分配为前提。但在自由市场中，并不存在这样的分配者或权威机构。哈耶克认为，自由市场的批评者错误地指责市场给穷人造成了不公正。穷人有可能遭受不幸，但除非他们被某些有意而为的行动剥夺了权利，否则他们就没有遭受不公正；而当贫穷是一个自由市场运作的结果时，事情便不是如此。哈耶克坚持程序正义的标准，认为只要市场过程本身是合法而公正的，其具体结果导致谁贫谁富就无可指责："当然必须承认，在许多情况下，市场机制的收益和负担进行分配的方式如果是有意配给特定的人们的结果，那就应被视为很不公正。但事实并非如此。这些份额是一个过程的结果，其对特定的人们的效应并非有意安排和事先预见到的……从此过程中要求公正显然是荒谬的，而从这样的社会中挑出某些人使之拥有一个特别的份额显然也是不公正的。"[13]

与程序正义相对的社会正义经常设置某些特定的标准来干涉分配，哈耶克对此作了深入的分析。比如两个相当普遍的分配观念是应得和需求，即要求社会的产品和服务遵循个人是否应得的道德标准或者根据个人的需求来分配，显然这将导致相当不同的结果。哈耶克认为，这两者其实出于不同的道德观进行分配，实际上是进行道德选择。然而，两者都存在难以克服的困难。如果选择应得标准，则难以在个人优点和应得的内涵上得出共识性说明；同样，对需求而言，全社会也很难就需求的性质和衡量标准达成共识。因为这都是相当主观随意的标准，谁都可以出于各种理由说自己应得什么和需要什么。因此哈耶克认为，在自由社会中，任何保障分配正义的努力都不可避免地会导致两种恶果。第一，试图保障一种特定的分配正义类型将意味着有关人的目的的一套价值观拥有对其他价值观的优先特权，而这与承认目的多样化的自由社会不相容。第二，由于这些价值观缺乏明晰性和精确性，考虑到社会与道德事实上的多样化，试图按照一种或数种此类标准来分配产品和服务将是一项非常不受限制的事业，并将使官员手中拥有很大的权力，由于其中的理念是如此的不确定，他们必定以区别对待的方式行使这种权力。这就为政府权力的滥用以及对公民权利的粗暴干涉提供了条件。哈耶克列举了医疗卫生、教育、福利和住房等方面的例子，由于各人需求的主观随意性和不可比较性，因而无法确定其合理性，也不能以理性的方式将一人的需求与另一人的需求相关联。这就是说，无法确定一套价值或需求与另一套价值或需求之间的相对重要性。而在资源匮乏的前提下，"负责按照需求来分配医疗卫生的官僚当局将不可避免地以无法预期和主观随意的方式行事，以适应在无法比较的需求中进行选择的任何上述标准的需要"[14]。

当然，哈耶克并不反对社会福利安全保障措施，但其前提是这种措施的基础是明确的。其目的不是获得更大的公正或对某些想象的福利"权利"作出反应，而是提供最低生活保障以防止社会动荡。哈耶克强调这种举措与社会正义的原则区别,他指出:"通过将一个人或团体与另一些人所享有的标准加以比较,来决定确保一定的生活标准。因而其区别在于所有人同等的最低收入保障与一个人认为自己应得的特定收入保障之间的区别。后者密切联系于鼓舞福利国家的第三种雄心:运用政府权力保障对产品更平均或更公正的分配的愿望。"⑮

由此可见,哈耶克坚持的平等只是程序的平等,而不是作为市场竞争结果的人们的经济状况的平等。关于市场机制非有意所为的结果,哈耶克反复作了论述。他把资源分配如收入财富和其他产权形式中个人的地位看做是历史地赋予的。按照其社会正义的观点,不可能赋予这些地位以任何正式的道德基础,正像对这些财富的重新分配的任何论点不可能获得道德基础一样。这意味着,在自由市场下虽然人们的财富不会平等,但由于该机制中的个人和团体的分配结果既不是有意所为,也不是可预期的,因而不能说这一机制本身是不公正的。这也正是哈耶克论证市场机制的合法性的核心所在。哈耶克等自由至上主义者在平等问题上的立足点是机会平等或起点平等,而不是结果平等或分配的平均。

另一位自由至上主义者诺齐克在与罗尔斯的论争中强调,关于分配正义的原则离不开人们获得持有物的历史条件,而有关持有的正义则不能不分析持有权是如何获得的。首先是对无主物的最初获得,即无主物如何或通过哪些过程、在什么范围内被人所持有;其次是一个人通过什么过程把自己的持有权转让给他人,如自愿交换、馈赠,甚至还有欺诈,等等。诺齐克认为,分配正义实际上要面对的就是这两种过程是否公正。与罗尔斯不同,诺齐克强调程序正义,突出个人权利,提出了所谓持有正义的概念,并按照归纳定义指出下述持有正义的领域:

1. 一个符合获取的正义原则,获得一个持有的人,对那个持有是有权利的。

2. 一个符合转让的正义原则,从别的对持有拥有权利的人那里获得一个持有的人,对这个持有是有权利的。

3. 除非是通过上述1与2的(重复)应用,无人对一个持有拥有权利。

分配正义的整个原则只是说:如果所有人对分配在其份下的持有都是有权利的,那么这个分配就是公正的。⑯

这样,从最初获取的正义再加上以合法手段转让权利的正义,就构成了诺齐克分配正义的核心原则。他强调,一个人对持有物拥有的权利也只能是这两种方式;如果不是,分配的正义就要求按这两条原则进行纠正。诺齐克紧紧抓住个人对持有物拥有权利这个关键,用以排除一切干涉个人权利的分配原则。他强调这个权利原则是历史的原则,因为"分配的正义与否依赖于它是如何演变来的"⑰。

诺齐克看重的正是市场体制下人们正当获取和自由交换的方式,这仍是一种程序正义上的平等。程序正义论者和资源平等论者均以私有产权和自由市场作为立论的先决条件,这与罗尔斯关于其正义理论虽然主要论述的是私有产权和自由市场下的正义但却并不只限于此的说法有所不同。这涉及关于私有产权、自由市场与公有制、计划经济的基础上的平等观的根本差别。

4. 保守派和激进派的平等观。政治哲学中的保守派和激进派一般不承认存在全人类共同的普遍道义准则,尽管激进派提出过彻底的平等要求,包括经济上的平均主义,但其理论出发点却往往是否认普遍道义准则的存在。保守主义把范围广泛的多种观念结合在一起，比如封建的、贵族的、土地的、教会的、君主的、威权主义的等等，在反对革命特别是法国大革命的反应当中汇集到一起。这些思想一直延续到今天，突出表现在并不认同普遍的人际平等，无论是道义的还是实质的；希望延续传统，特别是体制和文化传统；赞同一套保守主义的普遍观念，比如社会有机体论、有限政府论等等。

与此类似，一些激进的理论也在否认理性主义和普遍道义原则的前提下提出了自己的平等要求。比如女性主义激进地批判了既成的一切分配原则均为男性中心主义的结果，因而从来没有把女性当做平等对待的对象。所以女性主义者要求重新评价一切社会公正观，包括传统的公私领域的划分，以实现真正的性别平等。而左翼的、激进的社会批判理论和一些后现代学说均不承认人类的普遍道义价值或共识，它们基本上以非理性主义来批判自由主义的理性主义，以道德相对主义来批判自由主义的普遍道义前提，也不接受国家政治中立的立场。至于一些"彻底的平等派"要求所有财产公有、平均分配劳动所得和社会财富，则是一种美好的理想，其现实可能性一直受到人们的怀疑。

总的来看，由于不承认普遍的理性前提和道义准则，激进派一般会接受道德相对主义，不承认普遍的公正性标准，因而，要么以激烈的现实批判代替对于现实可行的平等的规范性要求，要么以无法实现的平均主义的结果平等作为呼吁人们推翻现行体制、实行革命的政治旗帜。这种平等观永远具有理论的魅力和吸引力，尤其是在社会出现严重的贫富悬殊、资源分配严重不公的时候，但它的乌托邦性质经常提醒人们对其实施的可能后果保持警惕。反观自由主义的社会公正观，在承认普遍道义原则的前提下提出了比较单纯的平等观，如自由至上主义的程序平等或起点平等，罗尔斯再加上有点福利主义倾向的差别原则，但这并不是要求所有人都得到同等或类似的收入和消费，而是适当地取富济贫，适度缩小社会差别。自由主义者承认普遍的道义准则，但认为国家应该对具体的道德观念保持中立，这样就把人们在具体价值观上的分歧与社会基本分配体制上的公正和平等原则区别开来。

所有这些社会公正的平等观的区分绝非无关紧要，而具有社会实践上的重要意义。今天的中国实现了广泛的市场经济，并且再度确立了私有产权不可侵犯，尤其是在加入世界贸易组织之后，世界市场紧密相连，财富分配的差异和权利平等的问题也相当突出。在此状况下，关于公正理论的平等观的论述就显得更加重要。回到计划经济时代的准平均主义分配方式显然是不可取的（尽管有人继续提出类似的乌托邦理想），但是，听任财富分配的悬殊而不进行必要的社会调整，同样不利于社会和谐。保障市场经济下的个人权利，让人们过上有尊严的生活，实现人格的平等，同时保障起点的平等和资源的平等，同样是需要经过艰巨努力方能实现的崇高任务。

注释：

① 见《剑桥国际词典》对"与生俱来的"一词之解释。
② Johannes Morsink, *The Universal Declaration of Human Rights, Origins, Drafting, and Intent*, University of Pennsylvania Press, 1999, chapter 1.
③ [美] 德沃金：《认真对待权利》，中国大百科全书出版社1998年版，第211页。
④ Joel Feinberg, "The Nature and Value of Rights", in *The Journal of Value Inquiry*, Vol. IV, No. 4 (1970), p. 252.
⑤ [德] 康德：《道德形而上学原理》，上海人民出版社2002年版，第33页。

⑥ [德] 康德:《道德形而上学原理》,上海人民出版社2002年版,第47页。

⑦ 同上书,第56页。

⑧ John Rawls, *A Theory of Justice*, Harvard University Press, 1971, p. 60.

⑨ Ibid. , p. 104.

⑩ Ronald Dworkin, *A Matter of Principle*, Harvard University Press, Cambridge, 1985, p. 205.

⑪ Ronald Dworkin, "In Defence of Equality", in *Social Philosophy and Policy*, Vol 1, No. 1(1983), p. 31.

⑫ [美] 德沃金:《至上的美德》,江苏人民出版社2003年版,第2章。

⑬ F. A. Hayek, *Law, Legislation and Liberty*, vol 2, Routledge, 1976, p. 65.

⑭ John Gray, *Hayek on Liberty*, Blackwell, 1984, p. 73.

⑮ F. A. Hayek, *The Constitution of Liberty*, Routledge, 1960, p. 259.

⑯ [美] 诺齐克:《无政府、国家与乌托邦》,中国社会科学出版社1991年版,第157页。

⑰ 同上书,第159页。

4. 尊严与权利：基于中国社会视角的一种探究

陈嘉明*

一、传统儒家的尊严观

传统儒家的价值论是一种义务论的价值论，而不是权利论的价值论。也就是说，儒家所提出的核心价值，如"忠、孝、仁、义"等，都是属于人的义务，而不是人的权利。与此相应，儒家的"尊严"观念也不以权利为本位。此外，虽然儒家对人的尊严很重视，但这主要局限在人格的尊严上，而不关涉权利的范畴，这构成了它的缺陷所在。

在儒家的创始人那里，已有一些人们耳熟能详的经典论述，现摘其要者如下：

> 士可杀，不可辱。（《论语》）
> 三军可夺帅也，匹夫不可夺志也。（《论语》）
> 不降其志，不辱其身，伯夷叔齐与！（《论语》）

---

* 陈嘉明，厦门大学哲学系教授、博士生导师。

> 富贵不能淫,贫贱不能移,威武不能屈,此之谓大丈夫。(《孟子·滕文公》)
>
> 一箪食,一豆羹,得之则生,弗得则死。呼尔而与之,行道之人弗受;蹴尔而与之,乞人不屑也。(《孟子·告子上》)
>
> 儒有可亲而不可劫也,可近而不可迫也,可杀而不可辱也。……其刚毅有如此者。……身可危也,而志不可夺也。(《礼记·儒行》)

从以上论述可以看出,儒家的"尊严"观念主要与人格有关,强调的是人格的不可侵犯、不可侮辱。这种不可侵犯性、不可侮辱性关乎人的全部身心("身"与"志")。宁愿被饿死、被杀死也不可受辱、不可屈服,这种意义上的尊严,属于"人格尊严"。儒家哲学一般被认为是一种"人文主义"。在其创始人孔子与孟子那里,这种人文主义关注的核心是人的自我道德修养,亦即如何使人通过自己内心的道德修炼而成为一个人格完善的仁人、君子。他们以历史上的尧、舜、周公等作为理想的道德人格的典范。传统儒家所追求的目标,就是通过人们的道德完善,来达到家庭的和睦与天下的安宁。因此,有关人格及其尊严的思想,构成儒家学说中的一个核心部分。

这种人格尊严的伦理,在历史上曾铸就了中国一大批杰出的仁人志士的信念,培养了他们高尚的人格,使之在中国文化中谱写了一页页可歌可泣的篇章。例如,文天祥的《正气歌》所歌颂的"天地正气",实际上就是这样一种表现为"气节"的人格尊严。

不过比较遗憾的是,儒家的尊严观并没有提出"人的尊严"的观念,也就是说,并没有从权利论(包括生命权、自由权等基本生存权利）上论述尊严的观念。这造成儒家尊严观的一个根本缺陷，即它是与人的权利相分离的，或者说它不是以权利为本位的。这种尊严观与儒家只讲"义务"的价值论相适应，并且，它所主张的义务并不基于权利与义务的对等原则，而是一种权利缺位状态下的义务。在儒家以忠孝仁义为核心的价值论中，"忠"是臣民对君主的义务，"孝"是子女对父母的义务，"仁"同样是一种义务，一种去"爱"人的义务。"义"也是如此，是一种行为必须符合道德规范的义务。义务论既造就儒家的价值论，同时也造就它的尊严观。

就我们的论题而言，儒家的义务论基础上的尊严观，一方面帮助培育了中国人的理想人格，但另一方面，这种尊严观并不基于权利意识，与人的权利相脱离。因此，作为义务论的价值论的一个组成部分，这种尊严观与儒家的义务论一起构成了传统中国社会的价值观，并由此形成了以义务而不是权利为本位的制度安排，从而维护了中国古代宗法制的封建制度，并一直影响到今天的中国社会。

二、儒家尊严观在中国社会的影响

与西方求真、爱智的哲学追求不同，传统的中国哲学是以道德哲学为基本形态的。儒家的创始人孔子所考虑的主要问题是如何使动荡的社会恢复稳定的秩序。这样，等级制成为这一考虑的解决方式。为此，他从几个方面提出构想。一是要"正名"。假如每个人的名分、地位确定了，并且安于自己的名分与地位，即"君君、臣臣"，就不会产生犯上作乱的事情。二是每种名分与地位要有相应的伦理责任，作为臣民要"忠"，忠于自己的君王；作为子女要"孝"，孝顺自己的父母；作为弟妹要

"悌",尊敬自己的兄长,等等。到了汉代董仲舒那里,更是从宇宙论的角度为这种等级制提供了依据,即"阳尊阴卑"。

在中国文化中,这种伦理责任形成为法律的规定。古代法律中的"十恶不赦"之罪,基本上都直接与不忠、不孝有关,如"谋反"(试图推翻朝廷)、"谋大逆"(毁坏皇帝的宗庙、陵寝、宫殿的行为)、"恶逆"(打杀祖父母、父母以及姑、舅、叔等长辈和尊亲)、"大不敬"(对君主的人身及尊严有所侵犯的行为)、"不孝"(咒骂、控告以及不赡养自己的祖父母、父母,祖、父辈死后亡匿不举哀,丧期嫁娶作乐)、"不睦"(亲族之间互相侵犯的行为)、"不义"(殴打、杀死地方长官,丈夫死后不举哀并作乐改嫁等)等。

义务论伦理直接导致了权利论伦理的缺失。儒家虽然宣扬"仁者爱人",但遗憾的是,它没能考虑如何用权利来保障需要被关爱的人,保障人被关爱。在传统儒家那里,缺乏"生命"权利的观念,也没有"自由"观念,更谈不上如何对它们进行保护的观念。如果说由于孔子、孟子所处的时代太早,难以产生权利的观念,但后来的儒家,直到近代,也始终延续着古代儒家的思想,同样未能产生这方面的观念。中国哲学在这方面的观念是在清末民初从西方引入的。因此,在主要由儒家的义务论伦理所规范的等级制、人治的社会里,一般人的权利是被漠视的。所谓的"尊严"也只能表现在人格上,而不能体现在人的生命与自由等权利上。由于只讲义务,不讲权利,因而虽然尊崇人格尊严,但现实中人的权利与尊严却是被漠视的。在这个意义上,中国古代社会的整个伦理基础是错位的,它适应的是封建的宗法制度。

义务论的伦理观奠定了中国古代社会的政治与法律制度的道德基础。在这一礼教社会里,"礼"作为中国古代的社会生活规范与行为道德规范,其基本精神和政治功用在于"明分、别异、序等级",亦即维护封建的等级制度。而义务论的伦理观所扮演的正是使这种等级制获得合法性的角色。即使是对于主张法治的"法家"来说,其"为国以法"的本质也在于用法律来维护封建等级制,而不是维护百姓的权利。因此,就像近代中国启蒙思想家严复曾指出的那样,"自由"之类的权利从来没有为古代的圣贤所提出:"夫自由一言,真中国历古圣贤之所深畏,而从未尝立以为教者。"①而与之相伴的结果则如梁启超所言:"专制政治之进化,其精巧完满,举天下万国,未有若吾中国者也。万事不进,而惟有专制政治进焉。"②

与义务论的尊严观相比,建立在权利论基础上的尊严观则是以承认每个人享有人的尊严的权利为前提的。这样的前提演绎出的结果是每个人的尊严权利是平等的。此外,既然人的权利需要保护,那么理论上就可推出国家和法律是为了保护人的权利而存在的,就像《德国基本法》第1条第1款所明确规定的那样,人的尊严神圣不可侵犯,尊重和保护人的尊严是全部国家权力的义务。因此,权利本位的伦理观与封建的、等级制的社会不相容,而与现代社会相适应。

在封建社会里,不自由、不平等是一般民众最大的无尊严状态。与古代的西方社会相比,中国社会在统治方式上似乎显得更为专制。黄仁宇在他的《中国大历史》一书中提到,早在公元153年至184年,成千上万的学生已有属于现代方式的上街游行示威的举动,向洛阳的政府请愿。而结果是,政府编造黑名单,进行大规模的拘捕,数以千计的政治犯死于监狱。③

古代中国的这种无自由、权利缺失的价值哲学与封建专制制度一道,对现代中国造成了直接的影响,使得中国人民争取自由、人权与尊严的斗争之路显得更为艰巨、更为曲折、更为漫长。由于历史上长期缺乏人权意识与制度保障，所以造成个人及社会对人的权利与尊严的漠视。在清朝初期，百姓甚至没有选择自己是否剃发的权利，甚至达到"留发不留头，留头不留发"的地步。骇人听闻的"嘉定三屠"，更是将全城20万人几乎屠杀殆尽。一直到几百年后的"文化大革命"期间，头发依然是一个政治的话题，"烫发"被视为资产阶级的生活方式而遭到禁止。

五四时期的新文化运动作为中国的一场现代思想启蒙运动，它所提出的代表性的口号是"科学"与"民主"。这意味着直至20世纪初期，自由与人权之类的问题还未成为作为一场揭开中国现代史序幕的思想启蒙运动的主题。虽然当时的历史时代有其迫切需要解决的问题，但有关人权的启蒙毕竟被迟滞了，人的权利与自我尊严意识的觉醒，也相应地被迟滞了。而后中国陷入长期的战争，包括内战与抗日战争。1949年，中华人民共和国建国之后一直激烈批判西方思想，强化阶级斗争的历史形态，这为"文化大革命"的发生准备了思想条件。中国进入了一段长达10年的内乱时期，自然谈不上人权与尊严的思想启蒙及其制度保障。

三、中国现代性过程中的尊严与权利

随着改革开放的推进，中国社会取得了进步，尤其是在经济方面，其发展令世人瞩目。对于中国经济改革的成功，人们试图作出一些解释。就笔者从哲学方面的理解而言，这一成功可主要解释为是对人的权利的逐步认可与保障的结果。从农村允许农民承包土地（家庭联产承包责任制），到给国有企业放权让利，允许个人承包企业的经营，直至允许私人兴办企业，以及对国营企业进行拍卖和股份制改造，并且逐步放宽私人投资的领域——这些做法从政治哲学的视角看，都属于对个人权利的认可，即认可个人具有投资创业、自主经营的权利，进而从根本上说，是肯定人的经济活动方面的自由与自主的权利。这种权利认可与保障调动了人们经济活动的积极性和创造力，为经济的发展注入了活力。

笔者的上述解释，与西方流行的韦伯式的对现代性所给出的"理性化"（如使产出大于投入的簿记原则、官僚层级制等）的解释不同。在笔者看来，中国的现代性进程与西方的基本不同点，在于它是人的权利在经济领域逐步得到肯定的过程，这是由它的历史背景所决定的。由于人们获得了经济自由的权利，能够比以往较为自由地从事追逐自身利益的经济活动，从而释放出极大的能量，就像"经济人"的假设所设想的那样，私利带来公益，带来经济迅速发展的结果。

因而，这里的关键在于"权利化"与人性的契合。人性莫不追逐自身的利益，追求利益的最大化。在权利缺失的社会状况下，个人被束缚手脚，动弹不得。他们的利益追求只能畸形化为在吃大锅饭的情况下出工不出力，在收益无法增加的情况下，通过减少体力与精神方面的代价来获取自己的利益。这样造成的结果是社会财富的"蛋糕"越做越小，国家越来越贫困，个人也越来越贫穷。反之，一旦权利得到确认，逐利的人性就会转化为社会经济发展的强大动力。它在经济体制由计划经济向市场经济的转型所形成的竞争机制下，加上其他国内外条件的配合（如国家的政策、廉价的劳动力、利用外资、鼓励出口等），推动了经济发展驶上快车道。

上述解释有助于我们理解权利本位在现代社会的意义，也有助于我们理解权利与尊严的关系。尊严若不建立在权利本位上，则不可能是真正意义上的尊严。没有权利的保障，不可能有现实的人的尊严，最多只剩下依靠自己的抗争来维护的人格自尊。在个人的生命、自由或财产的权利被非法侵害乃至剥夺的情况下，人们只能以某种个人举动乃至极端举动来抗争，维护个人的权利与尊严，而难以从制度方面获得正当的保障。这些反面的例子近期并不鲜见。几年来，各地屡屡发生对野蛮拆迁的抗争，有些房主甚至不得已而采取"自焚"的极端手段。

但从积极的方面看，与上述经济领域的权利化过程相伴随，当代中国社会毕竟处于进步中。尊严观念上的进步即属于其中的一个部分。人的尊严逐渐被视为一种人权，得到观念上的认同。例如，强拆行为受到舆论的普遍谴责。2010年9月20日中央电视台的《新闻1+1》节目主持人就评论说："要以生命为本，以人性为本。也许被拆迁的一方有他存在的问题，但是你不能让生命遭受如此的摧残……这已经不是阻挠（拆迁）的问题，而是捍卫权利的问题。"

在观念的进步上，国务院总理温家宝2010年初的提法是一个明显的标志。他提出，"要让人民生活得更加幸福、更有尊严"，并具体解释说，这里的"尊严"主要包含三个方面的含义："第一，就是每个公民在宪法和法律规定的范围内，都享有宪法和法律赋予的自由和权利，国家要保护每个人的自由和人权。无论是什么人在法律面前，都享有平等权利。第二，国家的发展最终目的是为了满足人民群众日益增长的物质文化需求，除此之外，没有其他。第三，整个社会的全面发展必须以每个人的发展为前提，因此，我们要给人的自由和全面发展创造有利的条件，让他们的聪明才智竞相迸发。"在这段话里，温家宝总理将尊严与人权相关联，让"尊严"概念包含"自由"和"权利"的内容，它们构成尊严的基本要素。对尊严作出这样的解释,对于中国政府的首脑来说可能还是第一次,这是官方观念上的一个重大进步。

民间方面的进步表现在,公民的尊严权利意识普遍觉醒,有些还运用法律的武器进行抗争。比较著名的案例有山东齐玉苓"为受教育权而斗争"的公民援用宪法案、"中国乙肝歧视第一案"、北京公民黄振云依宪抵制拆迁案,等等。以齐玉苓案为例:1999年,山东省滕州市的齐玉苓状告陈晓琪冒领自己的入学通知书,并以她的名义到济宁市商业学校报到就读并日后就业。在枣庄市法院只判决陈晓琪侵害齐玉苓的姓名权,而驳回其他诉讼请求之后,齐玉苓向山东省高院提起上诉,认为原审判否认被告侵害了自己的受教育权的判决是错误的。后经山东省高院向最高人民法院请示,后者于2001年作出有关司法解释的批复,认为陈晓琪等以侵犯姓名权的手段,侵犯了齐玉苓依据宪法规定所享有的受教育的基本权利,并造成了具体的损害后果,应承担相应的民事责任。山东省高院据此作出相应判决。这一案件的审理结果之所以引起广泛关注,是因为它被看做中国公民援引宪法进行诉讼并获得支持的第一个案例,体现了公民的权利意识的觉醒与增强。公民以宪法为依据,起身捍卫自己的权利与尊严,客观上促进了中国司法的变化,尽管是缓慢、艰难的变化。

四、应当提升对"尊严"的认识

在本文开始的部分我们说到,儒家的尊严仅仅是一种人格意义上的尊严。就世界范围来说,西方自启蒙运动以来,有关尊严的哲学认识不断深化并日益产生世界性的影响。如果说近代西方自然法观念的"天赋人权"理论追求的基本价值是自由与平等,那么现当代西方的价值哲学则是大大提升人的尊严的地位,把它作为自由、正义与和平的基础。这样的认识接连出现在有关人权问题的联合国文献中。1948年发布的《世界人权宣言》开篇即明确宣称:"对人类家庭所有成员的固有尊严及其平等的和不移的权利的承认,乃是世界自由、正义与和平的基础。"此后,1966年的《经济、社会及文化权利国际公约》和《公民权利和政治权利国际公约》都援引上述这段话作为自己的思想前提。这两个公约进一步宣称,世界自由、正义和平等"这些权利源于人身的固有尊严"。这样,尊严与人权的关系就被看做是本源与从属的关系;也就是说,人的与生俱来的尊严被提升到人权之本源的地位。

与上述联合国文献的理念相一致,一些国家在自己的法律中也把人的尊严作为立法的基础和法律的最高规范。在欧洲,德国宪法的表述最具代表性。在那里,"人的尊严"被定位为"最高的宪法原则"(oberstes Konstitutionsprinzip),被看做是"宪法的基本要求"、"客观宪法的最高规范",它构成宪法的立法思想的一个基本价值原理。德国宪法之所以将"人的尊严"提到最高位置,可以说是该国对自己在第二次世界大战中的战争行为的深刻反省的反映。此外,意大利宪法在第41条第2款中也沿用"人的尊严"(alla dignità umana)这一用语。而在亚洲,日本宪法有所不同,其中有关"尊严"的条款出现在第24条,其内容是:"关于选择配偶权、财产权、继承、选择居所、离婚以及婚姻和家庭等有关事项的法律,必须以个人尊严和两性平等为基础制定之。"这就是说,日本宪法有关个人尊严的认识局限在家庭生活方面。

就中国而言,有关尊严的概念也在宪法中得到表述。《中华人民共和国宪法》第38条规定:"中华人民共和国公民的人格尊严不受侵犯。禁止用任何方法对公民进行侮辱、诽谤和诬告陷害。"这里我们可以看到,宪法中所使用的是"人格尊严"的概念,并且它涉及的也是不能对公民进行人格上的伤害。这一条款是与住宅不受侵犯、批评与建议权、劳动权等具体权益放在一起的,也就是说,把人格尊严看做某项具体的权利。对"尊严"的人格意义的理解和规定,应当说与中国传统的文化有关,也就是与上文提到的儒家哲学的理解有关。

不过在笔者看来,把尊严仅限于人格的层面、作为一种具体的权利来对待是不够的,这类似于古代儒家的认识水平。前面提到,儒家已有人格尊严、不受侮辱的思想,但缺乏把它作为一种普遍权利、乃至作为其他权利的源泉的观念。在现代社会,重要的是应当把对尊严的认识提升到人本身的层面上,基于"人是目的"的认识,把人视为在本身具有内在绝对价值的意义上是享有尊严的。这种内在价值体现为一种与生俱有的权利,从而构成人的外在尊严(如人格权、名誉权)的根源和基础。反之,假如是以人为手段,那就是在践踏人的尊严。这样的做法并不单单是对人的人格羞辱,而是在根本上对人的整体权利的否定。

从价值论上把人视为享有尊严,这里的"尊严"可以看做是一个目的性的概念,即以人为目的,以人的尊严为目的。国家及其制度都应服务于这一目的。虽然"目的"属于一种哲学设定,但是这种主观性的目的却能够构成社会的价值理念与制度的根据。社会存在与自然存在不同,后者是一种自在的存在,其事物自身无所谓价值,也没有什么目的性;而人则不同,他们作为自为的存在,本身具有内在的价值。这种价值的最高表现就是它能够成为一种"目的"——其他事物(如国家及其制度)必须为之服务的目的,并且能够充当行为的根据。这样的道理很容易用反证法来证明。因为一旦相反地把人作为手段，那么人就成了（以国家、政府等面貌出现的）统治者所奴役的对象。

上述分析表明，我国宪法在对人的价值、对人的尊严的认识上有待提高，从"人格的尊严"上升到"人的尊严"。之所以需要上升到这一层面，是由于宪法需要某些原则，这类原则应当基于保护人的权利的考虑。进一步说，宪法的原则也需要某种根据，这种根据要么直接以"人"为根据，要么以人作为"目的"为根据，要么以人的尊严为根据。不论以何种提法为根据，宪法的原则都需要建立在人本身的根据上。所以，问题不过是：是以"人是目的"作为宪法原则的根据？还是以"人的尊严"为根据？

如果直接以"人"为根据，未免显得太抽象、太笼统。因为"人"是什么本身就是一个需要界定的命题。但如果以"人是目的"为根据，那么问题在于，它属于一个哲学命题。虽然它从根本上认定了人的本质之所在，认定人是整个国家、社会都必须为之服务的"目的"，由此摆正了人与国家、社会的关系，但是由于"目的"不适合作为一种权利，因此也就不太适合作为法学的概念。而"尊严"概念则不同，它可以作为一项权利，甚至是根本的权利，就像一些国家的宪法和民法中所规定的那样。因此，采用"人的尊严"作为宪法的原则，是一种比较恰当的做法。

此外，如何保障宪法的实施也是一个重要的问题。立宪而不遵行，或不严格遵行，宪法就无异于一纸空文。保障宪法实施的一个手段是建立宪法法院，由它来监督宪法的执行，审理有关违宪的行为，包括立法机关所制定的法律是否符合宪法，政府的行为是否符合宪法规定的权限，以及对公民的刑事判决是否违背宪法的规定，等等。对于我国而言，建立宪法法院是一项必须的工作，它将极大地有助于完善我国的法律制度，使之更好地保护公民的权利。

注释：

① 王栻主编：《严复集》，中华书局1986年版，第2页。
② 梁启超：《中国专制政治进化史论》，载《饮冰室合集》第1册第9卷，中华书局1989年版，第60页。
③ 黄仁宇：《中国大历史》，三联书店1997年版，第75页。

5. 阐明尊严：发展一种最低限度的全球正义观念[*]

[美] 托马斯·博格^{**} 著 李 石 译

中国国家总理温家宝前不久确切地阐述了中国政府评价自己工作的标准："我们所做的一切都是要让人民生活得更加幸福、更有尊严。"[①]我们应该考察这一崇高标准的含义及其在实践中的应用。

作为一个来自西方的哲学家，我能做的最大的贡献，就是基于我对尊严这一概念在西方传统中的意义和角色的理解来思考这一概念。如果我所相信的下述观点是正确的，这些思考应该是具有启发性的：概念不仅在塑造话语方面而且在社会进步方面也起到实质性的作用。美国的《独立宣言》就是这方面的一个范例，该宣言以令人惊异的主张——所有人生而平等是不言自明的——作为开头。一旦平等的理念被给予了如此突出的地位，它就注定要颠覆美国的奴隶制和妇女的从属地位，其影响甚至将超越美国的疆界。

---

* 本文译自论文"Explicating Dignity toward a Minimal Conception of Global Justice"，中文版首发并经作者审阅。

** 托马斯·博格（Thomas Pogge），耶鲁大学哲学系哲学与国际事务资深教授。

尽管没有平等那么重要，但是尊严这一概念在我的祖国——德国——的战后历史中却扮演了重要的角色。德国宪法第一章强调："人的尊严不可侵犯。尊重和保护它是国家全部权力的职责。为此，德国人民确认不容侵犯和不可让渡的人权是每个人类团体、世界和平与正义的基础。"

尊严不是独立存在的事物，而是事物的一种属性，比如人类的属性。对我们而言，尊严的概念在根本上包含相互区别又相互联系的两方面含义。在一种意义上，每一个人都有内在的尊严，这是不可让渡的，对每一个人都是平等的。在另一种意义上，我们说人类的尊严是脆弱的，需要社会的保护。

我们发现，这两种意义在《世界人权宣言》中都得到了体现。在该术语出现的前面三处，所使用的是它的第一种意义：

> 对人类家庭所有成员的固有尊严及其平等的和不移的权利的承认，乃是世界自由、正义与和平的基础。（《世界人权宣言》前言第 1 段）
>
> 各联合国国家的人民已在《联合国宪章》中重申他们对基本人权、人格尊严和价值以及男女平等权利的信念。（《世界人权宣言》前言第 5 段）
>
> 人人生而自由，在尊严和权利上一律平等。（《世界人权宣言》第 1 条）

而下述文字使用的则是"尊严"的另一个含义：

> 每个人，作为社会的一员，有权享受社会保障，并有权享受他的个人尊严和人格的自由发展所必需的经济、社会和文化方面各种权利的实现，这种实现是通过国家努力

和国际合作并依照各国的组织和资源情况。(《世界人权宣言》第22条)

说这些权利是维护人的尊严所必不可少的，其含义是指，任何人如果缺乏这些权利，就同样缺乏尊严。第22条意味着尊严是可让渡的，而且同时可能是不平等的：那些拥有尊严的人可能会失去维护尊严所必不可少的前提条件，乃至失去尊严本身——这样他们就将不再与那些仍然拥有尊严的人"在尊严上平等"。

要厘清"尊严"的两种意义之间的联系，我们可以考察《世界人权宣言》是如何处理与尊严这个概念紧密联系的权利或人权概念的。第22条表明，每个人都拥有一些特定的权利，但是这些权利需要实现。一群在可怕的空袭中受到惊吓的孩子，并不享有他们"生命、自由和人身安全的人权"(《世界人权宣言》第3条)，然而他们仍然拥有这一权利："拥有这一权利"意为，他们应该享有它。这里，我们说一项（全球性的或者在某一司法管辖区中的）人权的实现，包括了（对于世界上所有人或者在该司法管辖区中的所有人来说）获得该项人权目标的可靠途径。说X是一项人权，就是说必须建立并维护人们获取X的可靠途径——尤其是当权利没有得到实现时，我们更要坚持这一点。

将X称做一项人权还意味着，我们之所以应当维护获取该人权目标的可靠途径，是因为人类拥有这项权利。任何与人权实现相关的责任或义务都是我们对那些缺乏获取人权目标的可靠途径的人们负有的义务。也就是说，侵犯人权的人是在不公正地对待那些人权受其侵犯的人，而不是（比如说）仅仅没有遵从上帝的旨意，或者扰乱了宇宙的和谐秩序。

将这些想法汇总在一起：说每个人都有第一种意义上的尊严，即等于说：（1）他（她）有获得第二种意义上的尊严的潜力，且（2）这一潜力的实现——有尊严地生活——在道德上十分重要。一个人只有当他（她）能够可靠地获取一些必需的东西，也就是说，只有当其人权得到满足的时候，才能过一种有尊严的生活。所以说，保证人权的满足在道德上是十分重要的。当所有人的某项人权得到满足时，我们就说这项人权（在世界范围内，或者在某一司法管辖区内）完全实现了。

一个人的生活有可能在三个维度上缺乏尊严（或拥有尊严）。第一维度包括极低的社会地位以及过分地从属于他人。许多人的生活在缺乏这种尊严的条件下，被使唤、被嘲弄、被羞辱、被扇耳光、被恐吓，不能自主决定自己的衣着或外表，还可能为了适应这种条件而变得低三下四、阿谀奉承或自我否定。美国在阿布格莱布监狱对战俘的虐待，为我们提供了人们被剥掉尊严的可能途径的全面例证。虽然没有阿布格莱布战俘所遭受的那么惨烈，但是，世界范围内也有很多人承受着类似的命运：许多国家的家佣、工人、妻子；难民和囚徒；被贩运的劳工或性工作者；医院和收容疗养院的病人；现役士兵；还有不受同伴欢迎的学生。由于不平等正在现代中国迅速加剧，人对人的支配重新变得普遍。遏制这一趋势要求我们阻止不平等的加剧并加强法治的力度。

人们的生活缺乏尊严（或拥有尊严）的第二个维度关涉人的肉体自我。这个维度与第一维度在下述方面相联系，在公众场合穿得破破烂烂，散发出臭味，皮肤溃烂、长满恶疮，这些都是丢人的事情。尽管如此，但是，使人们生活缺乏尊严的第二个维度还是可以与第一个维度区分开的。即使一个人与他人很少甚至不联系，她也可能通过适当的个人护理、健康的饮食和规律的运动照顾自己——或者她可能无法或不愿做这些事情，从而成为自己和他人的怜悯和厌恶对象。

人们的生活缺乏尊严（或拥有尊严）的第三个维度与一个人的内在精神生活相关。在这里，尊严与自我控制的联系尤其紧密。屈服于低级情绪和欲望，例如嫉妒、贪婪、食欲、淫欲、愤怒或骄傲，是没有尊严的。缺乏认知和执行的能力是有损于尊严的，比如非常健忘或者无法完成稍复杂的任务。另外，屈服于自己的懒惰或意志薄弱，也是有损于尊严的。

从理论上来说，有两种方式保护或维持人类以上三个维度的尊严。第一种方式是通过人们的心理转换，使那些原先被认为是缺乏尊严的状态不再被认为有碍尊严。比如说，社会有可能对口吃的人、少数民族、妇女等更为包容。但实现尊严的这种方式并不总是可行，原因可以是下述两个中的任意一个：在一些情况下，心理的反应也许无法消除，最多只能是减弱。例如，人们无法消除对于某些皮肤疾病和大小便失禁的厌恶。另一方面，某些心理调整在道德上是无法接受的。例如，即使酷刑能变得完全专业化——也许由只关心获得情报的技术人员不带任何感情地用机器远程操作——我们仍应将其看做是对在痛苦中尖叫的人的尊严的严重侮辱。而且，即使由强烈的贪婪或色欲驱使的行为在某一文化中被广泛接受（这在有些社会中确实存在），我们仍应坚持我们的判断，即这些是应该被摒弃的行为。

这些有关文化调整的经验和道德的限制指出了我们的社会任务：尽可能地塑造人类生活，使所有人都能有尊严地生活。尊严的三个维度要求社会为维护尊严所必需的前提条件提供保障。首先，人们必须在他们的社会世界中拥有受保护的地位，能够使他们不必过分地依赖他人，并保护自己免遭羞辱和虐待。

《世界人权宣言》的第 3 条至第 21 条所规定的人权与保护人类尊严的这一组成部分尤为相关。其次，人们必须享有足够的教育、足够的收入和足够的社会服务，以便获得充足的营养、服装、居所、卫生设施、干净的饮用水、身体锻炼、休息，以及医疗药品，从而维持身体所需。人类尊严的这些内容尤其在《世界人权宣言》的第 22 条至第 27 条中得到保护。最后，人类还应该拥有达到高尚人性的途径，能够了解或参与文学和艺术、体育和科学，探索其他物种和我们的自然环境。对此，适当的教育再次成为关键，同样关键的还有享用以下资源的机会：博物馆、图书馆、教学机构、剧院、电影以及其他的文化设施和社区活动。正是通过与他人的交往和在他人成就的基础上，人们才能完全地发掘自身的潜力。

尊严与许多只有被赋予价值后才有价值的事物与属性不同。若要赋予事物价值，价值的赋予者本身必须具有某种价值。一个人对于音乐的欣赏可以赋予音乐演奏以价值，但一个人的淫欲并不会赋予他与卖淫者的交易以价值。人们赋予价值的能力依赖于他们拥有尊严的潜力。若要尊重人们拥有尊严的潜力，就要尊重人们的——自己的和他人的——尊严。剥夺一个人尊严的不仅是对有价值的东西的贬损，而且还贬损了价值的前提条件。

上述复杂性可以被整合进这样一种道德观，其目标是通过保护人们赋予价值的能力和机会而使价值最大化。这种效果主义（consequentialist）的道德观可能会指引我们牺牲一部分人的尊严，以增进另一部分人的能力和机会。然而，通常情况下，那些在思考道德问题时将尊严放在中心位置的人会抗拒这种交易。他们否认可以以牺牲一个人的尊严来换取有价值的活动的增加，甚至反对以这样的方式来保护更多其他人的尊严。这不是说,人类尊严在任何情况下都绝不能被牺牲。然而,这一观点确实主张,尊严的价值高于尊严所赋予人类活动的价值,并且,不侵犯尊严比增进尊严在道德上更为重要。

我们不需要支持或反对这一争论的某一方就能得出如下结论,当前的全球制度安排构成了对人类尊严的大规模的、不可原谅的侵犯。这些制度安排成形于世界上最富足、最强大的行动者之间的约定,它们维持并加剧了巨大的社会和经济的不平等,使得地球上一半的人口在严重的贫困状态中维持生计。这些都被刺眼地记录在有关社会和经济的人权统计数据中。在全世界 67 亿人口中,有 10.2 亿人长期营养不良(这是一个新的历史记录),8.84 亿人缺乏安全的饮用水,25 亿人缺乏获取基本卫生设备的途径,20 亿人无法获得必需的药品,9.24 亿人没有居所,16 亿人没有电力;7.74 亿成年人是文盲,2.18 亿儿童充当童工。全人类中大概 1/3 的死亡(即每年 0.18 亿)与贫困相关。这些都可以通过较好的营养、安全的饮用水、廉价的补水袋、疫苗、抗生素以及其他药物而轻易解决。[②]世界上大多数人并不享有"维持他本人和家属的健康和福利所需的生活水准,包括食物、衣着、住房、医疗和必要的社会服务;在遭到失业、疾病、残废、守寡、衰老或在其他不能控制的情况下丧失谋生能力时,有权享受保障"。(《世界人权宣言》第 25 条)

从一个简单的数据我们就可以看到这一持续的灾难是可以避免的:人类中较贫困的一半人口的家庭收入已缩减为全球家庭收入总和的 3%。穷人的这种边缘化长期存在并还在继续。从 1988 年到 2005 年,人类中最富有的 1/20 人口,在全球家庭总收入中占有的份额从 42.9% 上升到 46.4%,比全球平均收入的 9 倍还多。人类中较贫困的那一半(其人数是上述人群的 20 倍)占有的份额则从 3.5% 降到 2.9%,即全球平均收入的 1/17。全球最贫困的1/4人口的损失最大,他们在全球家庭总收入中占有的份额减少了1/3:从1.16%降为0.77%,只相当于全球平均收入的1/32。所有严重贫困的消除只需要全球家庭总收入增加不到1.75%——这仅仅是近几年中人类最富有的1/20人口多得份额的一半。

与这些巨大的不平等相关联,极低的收入(在美元区,每人每天10至30美元)同样损害了较穷困的那一半人口的公民和政治权利。许多人为了满足最基本的需要,不得不自己接受或让自己的孩子陷入各种奴役或债役,或乞讨,或从事包含极度依赖、剥削、屈从的工作。而且在大多数情况下,"欠发达"国家的人民在政治上被暴虐而腐败的"精英"剥夺了权力;这些"精英"忽视他们的需要,将巨大的国家债务施加给他们,而将本属于他们的自然资源出售给外国人,以换取自己所需的保持权力的武器。

世界上的富裕国家对全球贫困的程度、对其夺去的大量生命和尊严,与消除全球贫困所需的全球收入的微小调整之间令人愤慨的巨大反差,基本上做到了熟视无睹。那些真正理解这一比例关系的人们承认他们应该付出更多,但大部分人仅仅对他们所察觉到的道德上不完美的地方感到轻微的忧虑。几乎没有人认识到,富裕国家未能减轻的全球巨大贫困是由他们引发并且通过制度设计而加剧的:这些富裕国家在设计制度时,将自己相对无足轻重的利益置于人类大多数人口的基本需求之上。

世界贸易组织协定的条款反映了富裕国家的大公司为了实现对自己市场的持续且不对称的保护而施加压力,这表现为关税、反倾销税、出口信贷以及对国内产品的巨大补助。这些保护主义措施极大地限制了最穷困国家和地区的出口机会。如果世界贸易组织禁止贸易保护主义壁垒对从贫困国家进口的限制,那么这些国家的人民将大大受益：出口带来的收入每年将增加几千亿美元，几亿人将摆脱失业，而且工资水平将得到实质性的提升。③

有实力的公司还强烈地坚持他们的知识产权（其范围和时限都在不断延伸）必须在穷困的国家得到有效执行。音乐和软件、生产程序、语言、种子、生物种类和药品——对于这所有的一切，甚至更多，贫困国家都要向富裕国家的公司交纳租金以换取（仍然受到极大的限制）进入他们的市场。如果普通生产者能够自由地生产和销售那些救命的药物，那么贫困国家几百万的人口将摆脱疾病或死亡。④

世贸组织要求所有成员国制定严格的知识产权保护法，但其规则却并没有限定工作条件或劳动者的权利，从而导致了一场向下的攀比：贫困国家竞相提供比别国更易被剥削、更易被虐待的工人来吸引投资。上亿工人承受着这场竞赛的后果，即非人的工作条件——长时间没有休息和假期的工作，被灰尘、泥土、噪音、高温以及污染所侵扰的工作环境，任意对他们进行罚款、惩罚、骚扰以及解雇的监工恐吓。

毫无疑问，贫穷国家的精英统治阶层——如果他们一起行动——能够更好地保护他们的人民。他们没能做到这一点也在意料之中，因为他们能从富裕的国外公司和政府那里得到更多。他们中的大多数并不需要国内民众的支持，而是依赖于如下这一重要的国际惯例，根据这一惯例，统治者——他们被认可为统治者，仅仅因为他们事实上掌握着主宰国家的权力，而无论他们是如何获得或应用这些权力的——有权合法地转让该国资源的所有权并处置转让所得，有权以国家的名义借债并使国家承担债务，有权以国家的名义签署条约并使国家当前和将来的居民都受到条约约束，还有权利用国家财政收入来购买对国内实施镇压的工具。对穷国统治精英的这一认可使得许多不配被称为政府的政府获得了（合法政府才应享有的）资源特权、借贷特权、签约特权和武装特权。这些特权加剧了贫穷，因为在一个人民既被排除在政治参与之外，也不能享受其政府通过借债或出售资源而获得利益的国家，行使这一特权等于剥夺该国人民的财产。这些特权是压制性的，因为它们为镇压者提供资金，使得他们甚至可以对抗民众近乎普遍的反对。这些特权还是分裂性的，因为它们为不民主的获得以及政治权力的应用提供了强烈的动机，导致发展中国家发生经常的政变和战争（或内战）。

当今人类的技术经济能力能够轻易地避免所有的严重贫困。但是全球制度安排使得一半的人类处于持续的焦虑中：被压迫，无尊严，无法适当地照顾自己和家人，一直为基本的生活需求而奔波。这些全球规则并不是自发形成的；他们是经过强国之间政府的长时间磋商而认真设计出来的，同时得到其公民和那些有能力游说政府的人的认同。这些享有特权的行动者并不仇恨穷人，而且他们并不希望穷人受到伤害；他们仅仅是理性行事，在一个竞争性的游戏中，意图增加他们自己的权力和财富。但是，他们仍在知情的条件下妨碍了世界大多数人民享有最根本的"要求一种社会的和国际的秩序，在这种秩序中，本宣言所载的权利和自由能获得充分实现"的权利（《世界人权宣言》第28条）。他们的行为构成了对尊严的双重侵犯。通过剥夺穷人们获取人权目标的可靠途径，他们的行为使穷人过上有尊严的生活的前提条件无法得到满足。而且，这也否认了穷人拥有的道德地位，否认在全球制度安排的设计中我们必须考虑到穷人未满足的人权。

我想以对中国人民及其政府的呼吁作为总结。当你们考虑人类的尊严时，务必也请考虑一下贵国以外那些穷困的、被边缘化的人民，在他们无法发出声音的国际磋商中代表他们的利益。而且，不要与他们的镇压者在"不干涉别国内政"的错误旗帜下合作。当一个非洲的专制统治者或者一个邻近的军人政府向你借钱或者让你向他们出售武器，或者出卖其同胞的自然资源时，你既可以说好，也可以说不。如果你说好，你就会使压迫者更加强大，而削弱人民对他们的抵抗。如果你说不，你将削弱压迫者而增强人民的反抗力量。任何答案都不是中立的，也不是无关紧要的，但这并不意味着两种答案都是同等正确或同等适宜的。恰恰相反，对于一个正在消除人类历史上最严重的国内贫困的国家来说，"不"是正确的答案。对于一个承诺在世界范围内增进尊严、公平与和谐的国家来说，这也是正确的答案。

注释：

① 温家宝:《政府工作报告》,引自《中国画报》总第742期,第26页,2010年4月。

② Thomas Pogge, *Politics as Usual*: *What Lies behind the Pro-Poor Rhetoric*(Cambridge, Polity Press, 2010), pp. 11 – 12.

③ Thomas Pogge, 'Responses to Critics' in A. Jaggar, (ed.), *Pogge and His Critics*(Cambridge, Polity Press, 2010), pp. 183 – 184.

④ Thomas Pogge, *Politics as Usual*: *What Lies behind the Pro-Poor Rhetoric*, pp. 20 – 21.

6. 公民权利、差异与社会公正*

韩 震**

一

在现代社会的政治与法律规定之中,抽象地讲,每个人的权利都是平等的。在一个秩序正常的法治社会,几乎没有任何人敢公开反对权利平等原则。作为一个得到普遍认可的价值,权利平等似乎已经成为构建社会公正体系的逻辑起点。可是,抽象地把平等权利与公正社会联系起来很容易,也能够自然而然地获得道义上的力量。但问题是,不仅人们都生活在不同的经济文化体之中,从而使人对权利的理解存在框架性差异,而且即使在同一个经济文化体内部,人的生存状态也是千差万别,人的权利指向也是有差异的。正因如此,在现实中如何构建公正社会就是非常复杂的事情了。仅举以下几例:

1. 记得多年前在欧美访学期间,许多朋友曾向我表达对中

---

* 本文系教育部哲学社会科学研究重大课题攻关项目"马克思主义与以人为本的科学发展观研究"的阶段性成果,项目编号:07JZD0001。

** 韩震,北京外国语大学校长,兼任教育部社会科学委员会委员、全国高等学校教学研究会理事会副理事长等职。

国计划生育政策的不理解和质疑,断言这个政策剥夺了人们自由生育的权利。可是,现在,当全球讨论减少碳排放时,他们又评说中国、印度等发展中国家没有按照西方要求的标准减少排放。他们全然不顾中国、印度和其他发展中国家几百年来只有较低的碳足迹历史,而即使得到长足发展的当代中国,人均碳排放量也不到欧洲人的一半、美国人的1/3。显然,西方不是希望发展中国家按照人均排放标准排放,而是按照现有排放量的基数往下减少。他们还说,如果中国人都按照美国人的生活标准生活,那么就必须需要有三四个地球的资源,等等。似乎为了环境不被破坏,最好就是让大部分发展中国家的人永远生活在贫困之中,而只让现在已经富裕的人继续享受高品质生活。显然,这实质上就是不准发展中国家发展,以便让发展中国家永远处在低发展的水平。只要有健全的理性,就不难看出,反对中国的计划生育政策与迫使中国实现超出自己承受能力的减排目标,两者之间是相互矛盾的。这似乎是说:你们有出生的权利,但没有过与西方人相同生活水平的权利。说到底,这不就等于说西方人的人权应该高于中国人的人权吗?这种做法本身,实质上否定了人人都有平等追求幸福生活的权利。那些在空调房里运动减肥的人,却指责饿着肚子的人用木材烧火做饭,难道这就是所谓的自由人权吗?我个人认为,中国确实应该转变经济发展方式,走绿色低碳发展的道路,而且我们在绿色能源的开发方面已经做出了许多努力。但是,发达国家更应该控制自己的欲望,减少对世界资源的疯狂攫取和滥用,不能再指望以发展中国家的低生活水准为代价来保障发达国家的高消费、高排放。

2. 据报道,法国要出台所谓的"布卡"(穆斯林妇女把脸遮蔽起来的黑色罩袍)禁令,再度引发了不同族裔之间的争议。

民调显示,"70%的法国人支持'公共场所布卡禁令'。根据这一禁令,法国所有的公共场所将禁止身着布卡,无论是本地居住的穆斯林,还是外来的游客都必须遵守这项禁令"。2010年5月19日,法国内政部长米歇尔·阿里奥·玛丽再次以强硬的态度支持布卡禁令,称"必须维护我们共同的生存价值和人道主义"①。对此,我感到震惊。且不说法国的禁令肯定限制了穆斯林移民的自由权利,就连到法国的外国游客都失去了按照自己文化习惯着装的自由,居然还说这是人道主义。这种所谓的"人道主义"考虑了人的平等权利吗?遵循了自由、平等、博爱的价值原则吗?

3. 欧美国家某些人总是攻击中国的西藏政策,说中国通过国家支持发展西藏的经济是破坏西藏的传统文化,没有尊重西藏人的自由权利,似乎让西藏人民再回到达赖集团政教合一的农奴制度,就算尊重西藏人的平等权利了。可是,他们有没有想,在旧西藏,人民除了接受奴役和宗教观念的支配,实际上是没有任何公民权利的。他们的信仰与其说是自由信仰,不如说是信仰在世的神圣的权利。我于2010年8月去过西藏,看到铁路、公路的修建正在改善西藏人民的生活水平,也改善了西藏人民的基本人权。难道中国政府让西藏人民永远处在无权的农奴地位,过较低的生活水平,反而是尊重西藏人的平等权利吗?有些西方人辩解说这是尊重西藏人的集体文化权利。可是,西方人真的尊重其他民族的集体文化权利了吗?且不说在殖民时代,他们对亚非拉土著民族的屠杀,对土著文化的毁灭,就是不遗余力指责中国西藏政策的法国人,不也在禁止移民法国的穆斯林妇女在公共场合穿戴"布卡"吗?难道这就是尊重穆斯林的集体文化权利?中国政府从来没有禁止任何少数民族穿戴自己民族的服装。

在现实世界中，怎样才是尊重公民的自由权利？显然，这并没有一个简单明了、普遍适用的答案。实际上，许多权利是相互牵制甚至是相互矛盾的，评价权利的标准往往是主体从自己看问题的角度出发，因而必定出现价值规范的冲突。由此，构建一个公正的社会以便尊重每个人的平等权利，这种理想只要从理论进入现实，就往往陷入许多自相矛盾中。当然，平等与公正的理想仍然在引导人类社会的进步，进步就寓于矛盾的解决和新矛盾的出现的循环往复的过程之中。

在这里，我的主要任务不是要批判西方的价值观，而只是为中国的阶段性主张辩护。我只是想说明：不同的社会或群体对权利的理解是有差异的，即使同一个社会或群体，在不同的历史阶段，对权利的理解也是有差异的。我们不能强求同一，而只能在和而不同和尊重差异的前提下引导历史进步。

二

满足公民的平等权利，构建一个公正的社会，大概有两种思路：一是主张公民权利的起点平等，二是关注公民权利的结果平等。一般说来，自由主义倾向于起点平等，这也是自由主义思想的逻辑起点；而各种社会主义的实践则偏向于结果平等，这也许就是社会主义建设公平社会的理想目标。

在此，我所思考的问题，一方面是，起点平等能不能满足权利平等的要求。实际上，不同的人在许多方面的起点并不完全平等；如果不适当调节，这种差异就会变得更大。另一方面是，结果平等也无法做到平等地尊重每个公民的权利，实现人们之间的公平关系。在公平方面，我们不可能仅依赖起点平等，也不能完全等待进行结果平等的最后裁决，我们只能在历史进步与演化进程中进行过程调整，以求达到有内在差异的、尽可能的公平。

就起点平等的问题而言，实际上，对完全平等的起点的寻找本身就是很困难的。按照海德格尔的说法，每个人都是一个特定的历史性存在（Dasein），因而都生活在不同的历史境遇之中，成长在不同的时空条件下。所以，每个人的生存条件都是有差异的，其存在本身且对存在的权利诉求也有差异，不同的个体对权利的理解和运用也是有差异的。

当不同的存在造成对权利的不同理解和运用时，也许就很难在现实中找到真正一致的、平等的起点权利。人们对权利理解的差异，甚至造成权利的冲突。譬如，受教育权（特别是义务教育）是公民最明显的起点性的平等权利。学前教育、小学教育必须就近入学，可是无论是发达国家还是发展中国家，教育的区域差异仍然或隐或显地存在。富人区往往其教育也是相对较好的，而贫民区的教育设施往往较差，即使设施相同，但由于任职教师的差异，教育的氛围和效果也有差异。再加上家庭环境的差异，起点的微小差别可能在往后的进程中不断地被强化。这样一来，当高中、大学录取学生时，按照什么样的标准才是公正平等地对待学生的权利呢？如果统一按照考试分数（这也是起点公正的思路），那么，那些生活在发达地区、富裕家庭和教育设施健全地方的学生，与那些生活在欠发达地区、贫困家庭和教育条件相对较差地方的学生相比，就处在比较有利的地位。都按分数录取，这看起来是尊重了起点平等，却进一步强化了人们出生境遇所带来的起点不平等，造成了社会的持续不公正。

另一方面，即使同一个国家或地区，人们的生活条件、教育设施完全均等，完全一致的教育——义务教育——也未必就是每个个体都同等愿意接受的，因为人的天赋、偏好、兴趣有差异。庄子说："长者不为有余，短者不为不足。是故凫胫虽短，续之则忧；鹤胫虽长，断之则悲。"②庄子所说的差异性仍然不能回避，值得我们进一步思考。譬如，不同个体的禀赋是有差异的，可能每个人都有适合自己发展的潜质：有的可能擅长研究，有的可能具有艺术天赋，有的可能具备运动潜能。在这种情况下，如果我们都按照培养科学家的方案去培育这些学生，我们是平等地对待他们了，可是我们尊重他们的差异了吗？我们的出发点是公正的，可造成的结果是公正的吗？众所周知，义务教育不仅是免费的，而且是强制的。也许对每个人来说最好的教育是适合自己特点的教育，可是条件却不允许我们为每个儿童设计一套教育方案，我们必须强调同质性的教育。假如我们对有艺术天赋的学生进行同样的教育，这甚至可能不是促进而是扼杀他或她的艺术潜质。这就不难理解，为什么总有些孩子不愿意上学。

另外，起点是不断被重构的。譬如，对于教育来说，学前教育是起点，还是小学教育是起点？随后，又有高中的起点、大学的起点、工作机会的起点等等。再如，对于碳排放来说，发达国家已经工业化几百年了，而新兴工业国家刚刚起步，有些国家甚至连起步都谈不上，现在放在同一个起点上提要求，显然这是不合适的。这好比，有人很长时间都能喝到足够的水，还能有大量的水洗淋浴，其他人只有两三杯水喝，每天都处在饥渴状态。而前者却宣布：为了保护有限的水资源，从现在开始，我们每个人就按照目前喝水的标准继续下去，能够喝足且可以洗淋浴的不要增加了，喝两三杯水的人也不要再增加了，大家都按照目前的消费标准继续下去。请问，从人人权利平等的原则看，这公平吗？

三

就结果平等来说，如果实行彻底的结果平等政策，除了必然否定起点平等、干扰行为过程中的个体权利之外，最后的结果也未必一定平等。即使达到了绝对的平等，这种结果也未必是人们所欲求的。

一般说来，人们可能认为，社会主义的理论与实践更倾向于结果平等的思路，即通过社会工程性的控制，实现人们生活条件的基本平等。实际上，在现实中，既没有按照纯粹起点平等的思路行事的社会，也没有纯粹结果平等的社会安排。无论是在欧美发达国家还是在发展中国家，都存在有差异地对待权利的做法。譬如，在美国的大学招生、公司招聘等领域，许多法案明文规定对黑人予以有差异的补偿性照顾。许多北欧国家通过税收调节人们的收入，特意地缩小人们之间的贫富差距。这些显然都是结果平等的思路。

首先，结果平等的思路并非没有问题，其中最直接的就是否定权利平等的初衷，使个体的差异和努力都化为虚无。从权利自由的角度看，结果的拉平，等于否定人们的起点选择权。譬如，假设一个学生有艺术天赋，而我们的教育却让他或她与其他人一样按照普通学校的一般标准接受教育，这很平等，可是我们考虑过他或她的差异性需求了吗？从生存的文化差异的角度看，让人们在文化形式上一致是平等，可这却否定了人们在起点上的差异。当法国人要求穆斯林移民妇女按照法国人的着装习惯着装的时候，这确实可以实现整个国家的文化一致，但他们却没有考虑尊重穆斯林妇女的文化感受的问题，忽视了人们的生存差异和文化差异。

其次，在权利实现的过程中，结果的平等肯定会侵蚀人们的个体权利。假如两个人的天赋、学习态度和勤奋程度不一样，而我们却为了公正让他们受到同样的教育且达到同样的学业成绩，那是真正的公平吗？一般人都认为小布什总统是自由主义的倡导者，可是他在任内却搞了个"不让一个孩子掉队"（No Child Left Behind）法案，旨在缩小白人与少数民族学生之间的成绩差距。为了达到法案规定的学生成绩通过率，许多学校缩小课程数量，降低考试难度，无疑造成教育质量降低的消极后果。还有，假如两个人的起点是平等的，受过类似的教育，具有同样的能力，但其中一个人勤奋工作，不断进取，取得很好的成果，为社会创造了大量的价值，另外一个人却采取犬儒主义生活态度，只追求个人享乐的自由，创造价值不多，消耗财富却不少。如果我们采取完全的结果平等政策，那就是在奖懒罚勤，就是在侵害某些人的权利和利益。

再者，完全的结果平等，不仅是难以实现的乌托邦，而且也许并非人类所期待的结果。让所有的人依照同样的样式生活，穿同样的服装、看同样的书、吃同样的食物、听同样的音乐，这是人们所期望的美好社会吗？当然，在一定时期通过一定的调节方式使公民的财富差距不太悬殊，这不仅为社会主义所奉行，也是西方发达国家或多或少采用的。但是，结果平等的思路必须适应社会发展的阶段性条件，它应该是过程性的和调整性的，而不是最后裁决性的。如果超越条件去调控，可能出现难以为继的情况。

四

根据以上讨论，似乎可以得出如下几点结论：

6. 公民权利、差异与社会公正

第一，在现实中，在构建公正社会的实践过程中，没有任何国家的政府、政党实行完全的起点平等或结果平等的政策，各个国家或执政团队都是按照自己的实际需要，在此一段时期强调起点平等，而在彼一段时期强调结果平等，实用主义地交叉采取两种立场。

第二，无论是在公民层次上还是在国家层次上，思考的路径应该超越起点平等和结果平等的对立，而承认"过程性平等"调整的必要性。调整的依据必须基于历史条件，同时适合历史进步的期待。譬如，出于经济发展的资源限制，我们必须考虑到欠发达国家的发展前景，而不是简单地按照现有发展水平确立他们的上限；发达国家已有几百年的过度开发，它们应该承担更多的自我约束的责任。公正的过程性平等调整的原则是：权利应该为越来越多的人拥有，即所有的权利应该越来越均等化；所有的资源应该越来越公平地向所有公民开放，使得越来越多的人可以自由参与竞争；同时，公民选择自己生活方式的自由程度也应该越来越大。这就是要保证公民最基本的生存权、发展权和政治权利，但又尊重每个人的有差异的、有个性的追求。譬如，我们可以让每个人选择自己接受高等教育的专业领域，但不能规定一些人必须受这样的教育，而另一些人只能享受另外的教育。我们可以让每个人选择自己愿意做的职业，但不能规定一些人必须做这样的职业，而另一些人只能做其他类型的工作。政府要做的是，通过过程性平等调整，使人们的利益差异不至于影响到基本权利的平等。

第三，在最抽象的形式层次上，公民权利应该是平等的，但是一旦涉及具体的社会内容，权利就是有差异的。例如，作为公民的政治权利，每个人都有平等投票的权利，但每个人的政治话语权绝不是完全一样；作为公民的社会权利，每个人都有平等接受教育或从事劳动的权利，但是，在接受什么样的教育和从事什么样的职业方面却有差异。因此，我认为，公正的社会应该在最基本的权利上尊重每个公民的起点平等，同时把结果平等的要求也限制在最基本的公民权利范围内。例如，我们必须保证每个人享受义务教育，但不保证每个人都能够享受同样的高等教育；我们要保证每个人的受教育权，但不保证每个人都能够上同样的学校和同样的专业；我们要保证每个人的劳动权和获取基本报酬的权利，但无法保证每个人都能够成为企业高管或金融大亨。

第四，不同的文化或经济实体之间应该互相尊重，同情地理解对方的差异性。首先尝试理解对方差异的历史或文化的原因，而不是按照自己的意愿强求同一性，更不应该以自己的利益作为终极性依据，或用双重的标准去要求别人。权利应该有差异性的理解，尊重对方的集体文化权利，但不能用差异的标准去评价同一个领域的分配性权利。譬如，发达国家对发展中国家提出减排目标时，必须考虑到不同国家的实际情况。发达国家和发展中国家的排放量是有差异的，但不能把标准就定在这种差异之上，这等于剥夺了发展中国家的发展权利。

第五，当集体权利和个人权利发生矛盾时，应该以个人权利为最重要的标准，即以人为本。所以，政府不应该规定公民不能穿什么衣服，但可以规定人能自由选择自己的着装。另外，在国际资源或排放谈判中，不应以国家实力为标准来制定分配原则，而应尽可能地考虑以人均标准为依据，因为每个人都有权获得公正对待。这就是说，既然大家都同意尊重人权，那就必须人均地思考各国的减排问题，不能让已有较大排放历史的国家继续享受高排放的权利，而把低排放的责任放在欠发达国家的人民身上。只有那种考虑了所有人——无论是发达国家的人还是欠发达国家的人，无论是普通百姓还是社会精英——的利益和权利的社会安排，才是公正的。

总之，无论是在国际交往中还是一个国家内部，无论是政治问题还是经济发展问题，考虑构建公正社会秩序的问题时必须在基本的差异性理解的基础上考虑权利平等，尊重人们的差异性要求。但是，在同一个问题的评价方面却必须用同样的标准去衡量，而标准统一的基础应该是"以人为本"，即，是不是有越来越多的人参与，让越来越多的人分享。譬如，在教育方面，我们应该有教无类（这是我们的评价标准，让每个人都有受教育权），但教育的内容又应该因材施教，尊重每个人的个性差异，让所有人都能得到适合自己发展的教育。再如，碳排放的谈判，标准应该是该国人均排放量，毕竟每个人都有生存权，不能在不同国家之间搞双重标准。在实施过程中，的确需要差异对待，但这种差异更应该照顾发展中国家，发达国家应在这方面做出更多努力。在公正的国际秩序中，各种问题都应以每个人的基本权利为依据，不能一会儿用强权，一会儿用人权；不能讲人权的时候采用一个标准，而讲排放或资源时又是别的标准。问题很简单，西方国家口口声声要求发展中国家的政府保障所有公民的权利，可他们有没有想过，让人们都生活得有尊严是需要各种资源的。没有物质资源作保障的权利和尊严，都只能是没有用的空话！

注释：

① 董铭、黄培昭：《布卡禁令点燃法国暴力事件》，载《环球时报》，2010年5月20日。

②《庄子·骈拇》。

7. "社会正义"的拟人化谬误及其危害
——哈耶克正义理论研究

邓正来*

引论：论题的设定与论述框架

（一）本文论题的设定。基于进化论理性主义以及与其相应的自生自发秩序社会理论，哈耶克主张一种自由主义的道德进化论，而这种道德进化论所达致的最重要的成就便是有关人类制度（包括道德规则系统）生成发展的理论。①从一般意义上讲，哈耶克主张的这种道德进化论有两个紧密相关的特征：首先，根据个人理性无力脱离社会进化进程因而无力判断它的作用方式这个前提性认识，哈耶克认为，人们也同样无力为自己提供任何证明以说明我们遵循或采纳某些正当行为规则的理由；因此，正当行为规则绝不是建构的而是发现的。其次，就行为规则是否正义而言，人们由此达致的只能是自由主义所信奉的客

---

* .邓正来，复旦大学特聘教授，复旦大学社会科学高等研究院院长，复旦大学当代中国研究中心主任。

观的"否定性正义"观。

哈耶克指出,"否定性正义"观的关键要点如下:第一,如果正义要具有意义,那么它就不能被用来指称并非人们刻意造成的或根本就无力刻意造成的事态,而只能被用来指称人的行动;第二,正当行为规则从本质上讲具有禁令的性质,因而这些行为规则的目的在于防阻不正义的行动;第三,应予防阻的不正义行动乃是指对任何其他人确受保护的领域的侵犯;第四,这些正当行为规则本身就是否定性的,因此它们只能够通过持之一贯地把那项同属否定性的普遍适用之检测标准(negative test of universal applicability)适用于一个社会继受来的任何这类规则而得到发展。② 在我看来,哈耶克的"否定性正义"观的第一关键要点具有着前提性的重要意义。因为一方面,这个要点构成了自由主义正义观与其他正义观的区别③;另一方面,这个要点因此而关涉哈耶克探究正义的分析进路及其理据。与此同时,又由于我在此前的研究中已经详尽讨论了哈耶克批判法律实证主义认识进路的观点④,所以我们可以说,妥切地理解哈耶克批判"社会正义"的观点,对于我们把握他建构其"否定性正义"观念的理路以及这种观念的实质性内涵来说,有着特别重要的意义。当然,更重要的是,哈耶克认为,在当代社会中,对自由市场秩序构成最大威胁的不是法律实证主义,而是"社会正义"观念。在这个意义上,我们可以相应地把上述判断转换成如下问题加以追问,即,哈耶克在建构其"否定性正义"观的过程中,究竟是在何种意义上或者是如何批判社会正义这种观念的。对这个问题的回答,不仅确定了本文的题域,实际上也设定了本文讨论的论题。

然而需要强调的是,在我看来,对这个论题的讨论,不仅有助于我们理解哈耶克的"否定性正义"观,更重要的是,它

7. "社会正义"的拟人化谬误及其危害

还可以为有关如何认识中国市场经济过程所导致的结果是否正义的问题提供一种具有重要参照意义的思想资源。众所周知,中国正处在一场巨大的向开放社会变迁和向市场制度转型的过程中。伴随这一过程,中国的论者也经由关注经验或实践的问题而提出了各种旨在推进或纠正当下进程的方案和策略。在这些理论主张当中,"社会正义"的主张因其直指市场经济建构或运行过程中凸显出来的制度或政策意义上的不平等、地区或行业层面的不平等、财富或收入方面的不平等而成为当下中国学界最为强势的主张之一。在我看来,中国论者提出的各种"社会正义"主张之于中国学术界的重要意义在于,它们提出一个我们必须从理论上进行思考的基本问题,即我们应当如何认识中国市场经济过程所导致的结果是否正义。而这个问题又与另外两个问题紧密相关:一是它因其本身的论域而引发的有关中国社会变迁和制度转型过程的性质问题;二是由前者开放出来的针对中国的社会发展我们应当建构何种理想图景或确定何种正义判准的问题。然而不容忽视的是,"社会正义"主张向我们开放出上述重要问题,并不必然意味着中国学术界在主张"社会正义"的过程中已然给予它们应有的关注。实际上,我们在理论讨论中缺失的正是这一维度。更重要的是,虽说论者们主张根据"社会正义"之判准来审视或批判中国社会变迁和制度转型的进程,但是,甚少有论者就他们所主张的"社会正义"本身作过实质性的讨论或检视。⑤

因此,我认为,经由讨论哈耶克批判"社会正义"的观点而对"社会正义"本身作一番探究,有助于比较确切地洞见中国论者据以为准的"社会正义"之实质,进而有助于我们比较清楚地洞识这种"社会正义"观念会把我们引向何种社会秩序。

(二)哈耶克批判"社会正义"之观点的限定。当然,在对哈耶克的观点进行分析之前，我们还有必要先作出下述前提性限定：第一，哈耶克并不是笼统地反对"社会正义"观念。哈耶克所反对的毋宁是在自由市场秩序中毫无意义的"社会正义"在自由市场秩序中的实施，因为这种实施不仅会摧毁自由市场秩序，而且会摧毁这种秩序赖以为凭的正当行为规则系统。第二，哈耶克并没有因为批判"社会正义"而反对正义，如他所指出的："认识到'正义'一术语在诸如'社会'正义、'经济'正义、'分配'正义或'酬报'正义等合成术语中会变得完全空洞无物这个问题，决不应当构成我们把'正义'这个婴儿与那些洗澡水一起倒掉的理由。"⑥第三，上述两项前提性限定的内在逻辑表明，哈耶克对"社会正义"的批判并不是一种概念式的分析，而是一种以他的自由主义社会理论为依凭的系统分析。

值得我们注意的是，这里的关键之处在于，哈耶克对"社会正义"的批判乃是以一种由正当行为规则所支配的自由市场秩序要比任何一种由命令支配的组织型社会都更可欲这样一项基本的前设为依凭的。因此我们必须指出，任何无视这一基本前设的讨论，都不可能妥切地理解哈耶克的"否定性正义"观以及他对"社会正义"的批判。

（三）本文的论述安排。立基于上述三项前提限定，也考虑到哈耶克是从建构和批判两个维度出发阐释其"否定性正义"观的，我对本文的论述作出如下安排：除了引论以外，我拟在本文第一部分首先对"社会正义"的基本诉求作简要的讨论，其间着重强调"社会正义"通过对"社会"的实体化建构以及将"正义"的适用范围扩展至自由市场秩序所产生的事态或结果而形成的一项诉求，即，应当由权力机构根据一种特定的模式化正义标准而把整个社会产品的特定份额分派给不同的个人或不同的群体。此后，我将依据自己对哈耶克自由主义社会理论的研究而把哈耶克的主要批判观点概括为下述两个核心命题：一是"人们不可能在拥有自由市场秩序的同时又以一种符合社会正义原则的方法去分配财富"；二是"社会正义在自由市场秩序中的实施只会摧毁这种秩序及其赖以为凭的正当行为规则系统"。因此，在第二部分，我将围绕哈耶克的"命题一"讨论他有关"社会正义"在自由市场秩序中毫无意义的观点及其理据，亦即哈耶克对自由市场秩序所引发的事态或报酬结果主张的"去道德化"论辩。在第三部分，我将围绕哈耶克的"命题二"讨论他有关"社会正义"必定摧毁自由市场秩序的主要观点，并侧重探讨他从个人责任感、平等、个人自由、价格功能和特权等五个方面给出的理据。当然，我还将在第四部分的结语中对前三个部分的讨论作出总结，并对哈耶克在批判法律实证主义和"社会正义"观念的基础上建构起来的"否定性正义"观进行阐释。

一、社会正义的基本诉求

众所周知，在19世纪中叶，当人们开始普遍关注由强调个人行为的交换正义所支配的自由市场秩序在机会或力量或财富等方面所产生的不平等现象的时候，一些论者提出了各种社会主张和批判。毋庸否认，他们的目的，最初是为了求诸统治阶级的良心，使其认识到自己对社会中没有得到充分关注或被忽视的那部分人的利益所负有的责任。自第二次世界大战以来，由于西方诸多信奉进步的社会思想家经由诉诸自由民主国家一般框架内部的社会正义去证明某些极端的社会政策和经济政策的正当性，又由于这些论者主要欲图根除的是市场机制在机会或力量或财富等方面所产生的不平等现象,所以"社会正义"与适当分配财富和收入的问题直接联系在了一起。⑦我们必须承认,对"社会正义"的这种诉求在 20 世纪中叶不仅成了一种占据支配地位的道德价值和政治价值,而且成了政治讨论中得到最广泛使用的论辩。值得我们注意的是,上述努力的始作俑者乃是约翰·穆勒,正是他把"社会正义"与"分配正义"这两个观念明确等而视之的论述才使得"社会正义"观念流行开来。他还把"社会的和分配的正义"与社会按照个人的"应得者"而给予他们的"待遇"勾连在了一起。更重要的是,他的这些陈述还极其明确地凸显出"社会正义"与交换正义之间的区别。

的确,"社会正义"的倡导者在阐明"社会正义"据以允许某些纠正市场结果的分配政策标准的过程中提出了不尽相同的模式,而且在强调应得者、需要或更加平等这些评价标准的过程中也各有偏重甚至彼此冲突⑧,但不容忽视的是,他们在下述两个方面相当一致:一是他们都信奉一种极端的唯理主义建构论的正义观念;二是他们都要求代表社会的特定个人或权力机构强行设定某种分配模式,亦即那种区别于由一般性法律框架中自由交易过程所产生的分配模式。当然,真正促使"社会正义"诉求得到不断强化的乃是这样一种根本性认识:第一,把同样的或平等的规则适用于那些在事实上存在着重大差别的个人的行为,不可避免地会对不同个人产生极为不同的结果;第二,为了公正地对待个人,社会应当确立一种具有道德意义的分配模式以便在社会成员中进行财富分配;第三,为了切实减少或根除不同个人在物质地位方面所存在的上述非意图的但确实存在的差异或不平等,社会必须按照那种分配模式的不同规则而非相同的规则去对待不同的个人。由此可见,社会正义的诉求在面对自由市场秩序所产生的各种不平等现象时,不仅旨在为特定的个人或群体谋取特定的结果,而且意在为社会确立关注目的状态或结果的新正义原则,以替代既有的正当行为规则。这里的关键在于,"社会正义"把原本作为个人行为之一种特性的正义扩展于作为自由市场秩序所产生的"结果"或"事态"。需要强调指出的是,支配自由市场秩序的正当行为规则也关注事态或结果,不过前提却是这种事态或结果必须是相关个人所意图或可预见的;但是社会正义却不以这项条件为前设。

经由上文的讨论,我们可以对"社会正义"的诉求作出初步的概括。正如诺曼·巴里所指出的,"社会正义"远不只是一种政策宣言或者对一套实质性价值的证明,而是旨在赋予正义之含义以一种极端的观点。⑨实际上,"社会正义"主张通过对"社会"的实体化建构以及将"正义"的适用范围扩展至自由市场秩序所产生的事态或结果而变成了这样一项诉求,即社会成员应当按照一种特定方式组织起来,进而由代表它的权力机构根据一种特定的模式化正义标准把整个社会产品的特定份额分派给不同的个人或不同的群体。当然,这项诉求是以如下道德义务为基设的,即它要求人们必须服从那种能够把社会成员的各种努力与实现一种被视为是正义的特定分配模式的目标统合起来的"社会"或权力机构。

二、哈耶克对"社会正义"的批判(I)

哈耶克在1976年出版的《法律、立法与自由》第2卷《社会正义的幻象》中对普遍盛行的"社会正义"主张进行了极其尖锐的实质性批判。在我看来,哈耶克批判"社会正义"的核心目的之一是阐明"社会正义"观念在自由市场秩序内部毫无意义。当然,我们也可以把哈耶克的讨论概括为这样一项独立的命题,即人们不可能在拥有市场经济的同时又以一种符合社会正义原则的方法去分配财富。哈耶克的讨论是从下述两个方面展开的:一是通过讨论自由主义的个人行为正义观而明确指出正义的适用范围和条件;二是通过讨论社会正义的拟人化社会观而揭示出社会正义扩展正义之适用范围的谬误。

(一)哈耶克有关正义之适用范围和条件的阐释乃是以他所提出的自由主义正义观为依凭的,而这种正义观念明显区别于人们普遍信奉的"社会正义"观念。这里的关键在于:所谓正义,始终意味着某个人或某些人"应当"或不应当采取某种行动,而所谓"应当",反过来又预设了对某些界定了一系列主要禁止或偶尔要求采取某种特定行为之情势的正当行为规则的承认。就此而言,我们可以说,哈耶克的自由主义正义观是一种以正当行为规则为基础的正义观。[⑩]经由上述对正义之适用范围的严格限定,哈耶克进一步认为,在自由市场秩序中,"社会正义"关于这种秩序所引发的事态之正义的判断是毫无意义的。哈耶克指出,一方面,把"正义"或"不正义"这两个术语适用于人之行动或支配人之行动的正当行为规则以外的事态或情势,是一种范畴性的错误,因为一个纯粹的事实或一种任何人都无力加以改变的事态,有可能是好的或坏的,但不可能是正义的或不正义的。另一方面,哈耶克明确指出,只有当某一事态是某个行为人所意图或可预见的结果时,把"正义"这个术语适用于事态才有意义。我认为,这是哈耶克在讨论"正义"适用问题时所提出的著名的"意图和预见"条件:"如果'甲所得的多而乙所得的少'这种状况并不是某个人的行动所意图或可预见的结果,那么这种结果就不能被称做是正义或不正义的。"[⑪]

就此而言,还有一个颇为重要且紧密相关的问题需要加以

7. "社会正义"的拟人化谬误及其危害

关注。一如前述,"社会正义"的主张者认为,哈耶克所确立的"意图或预见"这一有关事态或结果之正义的判断条件不足以使它把人们有关市场结果之正义的判断排除在外。但在哈耶克看来,"社会正义"的这项主张却极其荒谬。其核心理据是自由市场秩序所导致的事态乃是一个过程的结果,而这些结果对于特定人的影响是任何人或权力机构在其最初选择这种制度的时候或在这种制度最初出现时所无法欲求或无力预见的;因此,要求这样一个过程提供正义,显然荒谬。通过上文讨论,我们可以发现,哈耶克经由阐释正义的适用范围和条件而指出了正义只能适用于个人行为而不能有意义地适用于个人未意图或无力预见的结果或事态,进而还阐明了关注结果或事态的"社会正义"不能有意义地扩展适用于自由市场秩序这个问题。这便是我所认为的哈耶克对自由市场秩序所引发的事态或报酬结果所主张的"去道德化"论辩,而这在一定程度上意味着一种日益进化的自由市场秩序的规则除了维续该秩序本身,毋需对任何特定事态或结果设定任何先定的道德目的。

(二)的确,由于正义只能适用于个人行为而不能有意义地适用于自由市场秩序的结果或事态,所以我们可以认为,自由市场秩序中的各种过程对不同个人或不同群体之命运所产生的特定影响并不是按照某种公认的正义原则进行分配的结果,尽管自由市场秩序实是以正当行为规则为依凭。哈耶克指出,这个观点显然没错,但是当人们经由这个观点而认为这些特定影响是不正义的,从而"社会"应当或必须受到谴责并对此负责时,他们的观点就大错特错了。[12] 根据哈耶克的批判理路,"社会正义"之所以有可能被扩展适用于自由市场秩序的结果,实是因为"社会正义"的主张者对"社会"的人格化设定所致。因为,唯有把"社会"设定成一个具有人格的责任承担者,他们把"正义"扩展适用于自由市场秩序的事态或结果才可能具有实质性意义。因此,哈耶克将批判矛头集中在了"社会正义"主张者所建构的"拟人化社会观"方面。

第一,"社会正义"主张者要求人们"经由对社会的人格化思考而把社会认做是一个拥有意识心智并能够在行动中受道德原则指导的主体"[13]。但根据哈耶克的社会理论,"社会正义"主张者据以建构人格化"社会"观的那种拟人化手段是一种极其幼稚的原始思维方式,它是人类社会从小群体的熟人社会向开放且非人格的大社会进化的过程中未能根除的思维方式。第二,哈耶克指出,"社会正义"主张者所建构的拟人化"社会观",不仅致使"社会"术语的原初含义发生了一种根本的改变、甚或一种彻底的颠倒,进而遮蔽了个人独立活动所形成的各种社会力量与大量自称是"社会的"东西之间的本质区别。第三,这种拟人化的社会观还预设了一个社会共同体的活动背后存在着一些人所皆知且共同的目的。哈耶克极其尖锐地指出,一种具有从外部强加给社会的共同目的的组织秩序将最终侵吞那种只具有个人目的的自由市场秩序。

经由上文对哈耶克关于正义的适用范围及条件与有关社会正义的拟人化社会观的讨论,我们发现,根据哈耶克的观点,任何一种调整个人在市场经济中提供商品和服务之行为的正当行为规则系统都不可能产生符合社会正义之原则的结果或某种可被有意义地描述为正义或不正义的结果,因而任何个人的自由行动也都不可能产生这样的结果。

三、哈耶克对"社会正义"的批判(Ⅱ)

哈耶克提出了这样一个重要的问题,即,当人们在"社会正义"的名义下把某种分配模式强加给自由市场秩序时是否还有可能维护这种秩序？根据我的研究，我们也可以把哈耶克关于这个问题的讨论概括为一个与上述第一个命题紧密相关的命题，即"社会正义"在自由市场秩序中的实施只会摧毁这种行动结构及其赖以为凭的正当行为规则系统。考虑到论述的便利性，我们拟着重从哈耶克的分析理据出发，对他的批判观点进行阐释。

第一，人们最初之所以诉诸"社会正义"，不仅因为人们要求统治阶级给予贫困者更多的关注，而且也因为他们期望这种做法能够促使人们更广泛地承担个人责任。但是，"社会正义"对人们称之为"道德的"正当行为规则的替代，却正是致使构成正当行为规则之基础的个人责任这种道德意识普遍沦丧的主要原因之一。哈耶克明确指出，以"社会正义"替代正当行为规则的过程，实际上是一种混淆过程，因为它在个人应当期望的更为远大的目标之间造成了混淆，在对社会的考虑与社会行为（即集体社会）之间产生了混淆，在个人对社会共同体的道德义务与个人对社会共同体的要求之间产生了混淆。

第二，众所周知，"社会正义"在自由市场秩序中的实施主要针对的是其间存在的各种不平等现象，尤其是报酬不平等现象。就不平等而言，自由市场经济与计划经济的唯一区别就在于：在自由市场经济中，不平等并不是个人行动所意图或可预见的，而是由目的独立的和"无名氏的"经济过程决定的；在计划经济中，不平等并不是由个人技艺在非人格的市场中的互动所形成的，而是由政治决定的，亦即由权力机构作出的那种不容质疑的决策所决定的。与此相应，在哈耶克那里，也存在着两类泾渭分明的平等：一是法律面前人人平等，另一是物质平等。我认为，哈耶克有关正当行为规则的理论实是以"普通法法治国"⑭为最终诉求,而法治的基本原则之一便是贯穿于正当行为规则的否定性、目的独立性和抽象性特征之中的"法律面前人人平等"的形式平等原则。不过,就这里的具体论题而言,这项法治原则的具体形式可以被概括为哈耶克在《法律、立法与自由》第 2 卷中最终阐明的有关法治在按无名氏方式和平等方式对待公民时无须关注人们在初始特性和物质财富方面的不平等情形的原则。

第三,众所周知,支配组织秩序的"命令"必定是以这样两项预设为依凭的:一是存在着一个发布此项命令的人或机构;二是个人在一确定的结构中的地位乃是由特定的组织所发布的命令决定的,而且个人所必须遵循的规则也取决于那个决定他的地位和发布命令的组织对他所规定的特定目的。因此,这种命令式的规则在意图上就不可能是普遍的或目的独立的,而只能依附于组织所发布的具体命令;再者,组织发布的具体命令也"无一例外地对应当采取的行动作出了规定……因此,根据这类命令所采取的行动,只服务于发布该命令的人的目的"⑮。但是哈耶克认为,如果"社会正义"及其赖以为凭的命令在自由市场秩序中实施,不仅会使这种命令所指向的个人根本丧失运用自己的知识或遵从自己愿望的机会,而且会在根本上摧毁那些支配自由市场秩序的正当行为规则为之存在的基本价值,即对个人自由的捍卫。因此,"用政府的强制性权力去实现'肯定性的'(即社会的或分配的)正义这种理想,肯定会摧毁个人自由"⑯。

第四,试图正义地或更平等地分配物品,实是"社会正义"的核心诉求。⑰尽管哈耶克承认,在经济领域以外的道德语境中,"应得者"术语有着完全合理的用途,但他指出,在收入分配的问题上,自由市场秩序中的收入模式并不应当反映(而且在许多情形中也确实不反映)"应得者"。即使收入差距偶尔反映"应得者"的情形,也只是一种经验巧合而已。[18]值得注意的是,自由市场秩序之所以能使那些进行并参与这种秩序的社会得到发展和繁荣,一方面是因为这种秩序增进了所有人的机会,另一方面则是因为它对个人提供的服务所给予的酬报乃是以任何人都不知道的客观事实为依凭的,而不是以某个人对他们应当获得的酬报的观点为依凭的。可以说,哈耶克之所以坚决反对"社会正义"主张者试图按正义的或更平等的方式分配物品的诉求,实是因为它必定会破坏自由市场秩序。

第五,"社会正义"观念最初乃是人们对贫困者的一种善意表达,但在此后发展过程中,哈耶克指出,"社会正义"观念却演变成一种不诚实的暗示。因为它暗示人们应当同意某个特殊利益集团的要求,尽管它对这个要求给不出任何切实的理由。正是出于这个原因,长期以来,唯有那些能够实现这种要求的强有力的组织群体才有可能获得满足其既得利益或特权要求的机会。因此,哈耶克指出,当今在"社会正义"名下所做的许多事情,不仅极不公正,而且是高度"反社会的"。原因就在于这种做法与保护既得利益或特权毫无二致。

通过上文讨论,我们发现,哈耶克有关"社会正义"在自由市场秩序中只会摧毁这种秩序及其赖以为凭的正当行为规则系统的命题表明,所有试图按照"社会正义"确保一种"正义"分配的努力都必定会把自由市场秩序变成一种组织秩序,甚至把它变成一种全权性秩序。这是因为,对社会正义的追求必定要求以专断的方式制定各种差别待遇的规则并采取各种强制安排的措施;通过这些规则和措施,那些旨在使人们追求特定结果的命令或实现"社会正义"的"社会法律"便会渐渐取代"目的独立"的正当行为规则,进而摧毁自由市场秩序。因此,我们"有责任竭尽全力把人们从'社会正义'这个梦魇的支配下解救出来，因为这个梦魇正在把人们的善良情感变成一种摧毁自由文明一切价值的工具"⑲。

结语：哈耶克的"否定性正义观"

经由对哈耶克关于自由市场秩序"去道德化"的论辩与有关社会正义拟人化建构手段的观点的讨论，我们发现，"社会正义"在自由市场秩序内部是毫无意义的。我之所以认为"否定性"是哈耶克自由主义正义观的最核心特征，是因为这种特征不仅能够达到界分自由主义探究正义之进路与其他进路之间区别的目的，而且能够在更深刻的层面上标示出哈耶克的自由主义与其他自由主义理路的区别——因为它与主张唯理论自由主义的肯定性正义观截然相反。这主要表现在两个方面：第一，哈耶克所确立的"否定性正义观"根本上反映了他所主张的以"个人理性有限"为基设的进化论理性主义；第二，哈耶克的"否定性正义观"还反映了上述进化论理性主义所提出的道德进化论的要求。

最后，我想征引哈耶克本人的一段文字作为本文的结语："如果我们能够认识到法律从来就不全是人之设计的产物，而只是在一个并非由任何人发明的但却始终指导着人们的思考和行动（甚至在那些规则形诸文字之前亦复如此）的正义规则框架中接受评断和经受检测的，那么我们就会获得一种否定性的正义标准（a negative criterion of justice），尽管这不是一种肯定性的正义标准（a positive criterion of justice）。正是这种否定性的正义标准，能够使我们通过逐渐否弃那些与整个正义规则系统中的其他规则不相融合的规则，而渐渐趋近（虽然永远也不可能完全达到）一种绝对正义的状态。"⑳

注释：

① 值得我们注意的是，哈耶克有关人类制度生成发展的道德进化理论源于休谟式的理论，因为它不仅构成了休谟赞同自由的理据，而且也是亚当·弗格森、亚当·斯密和斯图沃特这些伟大的苏格兰道德哲学家当时进行研究的基础。关于这个问题的讨论，参见邓正来：《普通法法治国的建构：哈耶克法律理论的再研究》，载邓正来：《哈耶克法律哲学的研究》，法律出版社2002年版，第119—121页。

② [英]哈耶克：《自由社会秩序的若干原则》，载邓正来选编：《哈耶克论文集》，首都经济贸易大学出版社2001年版，第131页。

③ [英]哈耶克：《自由主义》，载《哈耶克论文集》，第81—82页。

④ 关于哈耶克批判法律实证主义的观点，请参见邓正来：《普通法法治国的建构：哈耶克法律理论的再研究》，载《哈耶克法律哲学的研究》，第86—107页。

⑤ 中国论者在讨论"社会正义"或"社会公正"时未能对其作出实质性讨论或检视的情形，可以说比比皆是；在我看来，他们大多把它当做一种口号加以使用。这个方面的典型事例可以用一本论文集《社会正义是如何可能的：政治哲学在中国》（韩水法主编，广州出版社2000年版）来说明。

⑥ [英]哈耶克：《法律、立法与自由》第2卷，中国大百科全书出版社2000年版，第168页。

⑦ [英]戴维·米勒等编：《布莱克维尔政治学百科全书》（修订版），中国政法大学出版社2002年版，第408—409页。

⑧ 同上书，第408页。

⑨ Norman P. Barry, *Hayek's Social and Economic Philosophy*, The Macmillan Press LTD, 1979, pp. 124 – 125.

⑩ 邓正来：《哈耶克法律哲学的研究》，第75—174、175—220页。

⑪ [英]哈耶克：《法律、立法与自由》第2卷，第53页。

⑫ 同上书，第127页。

⑬ 同上书，第140页。

⑭ 邓正来：《普通法法治国的建构：哈耶克法律理论的再研究》，载《哈耶克法律哲学的研究》，第114—132页。

⑮ ［英］哈耶克：《自由秩序原理》，三联书店1997年版，第186页。

⑯ ［英］哈耶克：《自由社会秩序的若干原则》，载《哈耶克论文集》，第139页。

⑰ 关于这个问题，参见［英］哈耶克：《自由社会秩序的若干原则》，载《哈耶克论文集》，第137页。

⑱ ［英］哈耶克：《自由社会秩序的若干原则》，载《哈耶克论文集》，第138—140页；［英］哈耶克：《法律、立法与自由》第2卷，第130—132页。

⑲ ［英］哈耶克《法律、立法与自由》第2卷，第2页。

⑳ ［英］哈耶克：《自生自发秩序与第三范畴：人之行动而非人之设计的结果》，载《哈耶克论文集》，第371—372页。

8. 尊严、平等与正义：规范与制度的根源*

[美] 弗朗西斯·福山** 著　赵永飞　译

今天的演讲我希望通过两个部分来展开。第一部分，我将从哲学与宗教根源角度阐述我本人对西方的尊严、平等与正义概念的理解，以及它们是如何与中国的传统相区别的。在第二部分，我将讨论这些思想是如何植根于具体的政治制度中，以及中国的政治发展途径为何会与西方分道扬镳。

思想是用来解释人类社会和政治发展的一个重要的自变量。但是它们并非完全是自发的。它们与社会和经济条件密切融合。它对人类行为的影响是通过制度——或顺应或阻挠——来完成的。当出现一个时期，各种思想都能够自由跨境交流且普遍化，不同的结果就由各个社会各自的历史背景来决定制度选择。

理论基础

我将会从尊严、平等与正义定义的两个西方传统的根源来

---

* 本文译自"Dignity, Equality, and Justice: Normative and Institutional Roots"，经作者授权发表。

** 弗朗西斯·福山（Francis Fukuyama），美国斯坦福大学弗里曼·斯伯格里国际问题研究所民主、发展与法治研究中心高级研究员。

开始我的分析。这两种根源不同于现代对这些概念的理解，它们分别是宗教和早期的政治理论。当然，这个题目涵盖的范围太过广阔，除了略作介绍，是不可能在这篇简要的总结中详细展开描述。

西方的尊严和平等概念的一个根本起源来自犹太—基督教的传统①。在《旧约》的开始部分，我们可以发现下面的语句："神说：'我们要照着我们的形像，按着我们的样式造人，使他们管理海里的鱼、空中的鸟、地上的牲畜和全地，并地上所爬的一切昆虫。'"（创世纪1:26）。人类分享神的一些样式，也正因为如此，人类成为了自然界一切有生命和无生命的主体。这就是平等与尊严的根源。说它是平等的根源，是因为在"神的样式"的质量上，所有人类都平等地享有——并不存在有些人比其他人更像神。说它是尊严的根源，也正是因为我们拥有了"神的样式"，使我们作为人类的这一等级都高于自然界的其他物体。作为人类这一等级，我们拥有严格的平等权，但是却明显地区别于非人类等级。

我们该如何理解人类是照着神的形象制造出来的呢？很显然，这是几个世纪来，理论分歧与辩论的一个根源。但是一个重要的对这一概念的解读的方式就是认为"神的样式"是人们对道德评判的能力。《创世纪》接下来的几章讲述了亚当与夏娃被逐出伊甸园的故事。而事实上，他们违背了神的意愿且被逐出伊甸园说明了他们并非神本身。但是，他们能够辨别是非的事实——即使他们选择了错误——说明他们拥有神一样的选择权。对于基督教传统来说，道德选择的中心被马丁·路德·金的道义重新诠释为信任，并被其认为是基督教最核心的信仰。马丁·路德·金于1964年在国家广场上作的知名的讲演中，也对这一观点进行了描述。他说："我梦想有一天，我的四个儿女将生活在一个不是以皮肤的颜色,而是以品格的优劣作为评判标准的国家里。"

从而,以人类的能力特性的差异作为道德选择的标准解释了尊严的平等。因为诸多不同的特征,人类其实并不平等:一些人更高、跑得更快、或者更聪明,或者来自不同的种族或民族。但是,依据基督教对人类性质的理解,所有的这些都是次要或者根本不重要的特征。而相反,对是非有所判断,并根据此判断施加行动的能力是人类的一个基本特点。这个特点比高度、美貌、智慧,以及肤色都更有普遍性。(诚然,这样说多少掩饰了一些实际情况,那就是人们作道德选择的能力也不尽相同;由于社会途径的不同,有些人未能获得正常的道德观;还有儿童和需要依靠他人生活的人们,他们的选择能力或者还未完善,或者不健全。)

基于道德观念形成的平等理念流传到现在逐渐成为了一个世俗的模式。伊曼纽尔·康德是将这个观念带出来的思想家之一。在他的著作《道德形而上学基础》一书的开始部分,他是这么说的:"在这个世界内,甚至之外,如果不被确认,那么除了良好的祝愿外,是没有什么事情是可以被探知而被称作是好的。"人们可以提供通往实体世界的道路,而这个实体世界是超越沉浸于时间和空间多样性的现象世界。对于康德来说,人类的自由意志事实上就意味着人类并不是最终屈服于决定了其他所有自然界行为的物理法则。因此,康德的伦理就建立在了一种分类别的规则或本能之上,即选择无条件地服从自然或是自己的利益。他在其另一部著作《实践理性批判》的结尾说过一句有名的话:"两件事充斥于人们心里并伴随着不断更新且增加的敬仰与敬畏。我们越来越多地且越来越肯定地意识到这两件事:星光熠熠的天空和它包含的道德法则。"

西方人关于平等和尊严的第二个根源是非宗教的,是从现代早期诸如霍布斯、洛克以及卢梭等政治哲学家的思想中衍生来的。霍布斯和洛克都没有明确说明形而上的领域的存在且真正的自由选择是可能的。情况对于霍布斯来说简单了许多:在他的《利维坦》里,他认为人类是绝对平等的,因为任何一个人都可以杀死其他人——只要不是在大白天里。他们可以在其他人熟睡的时候,悄悄得手。对于激情的等级,他在《利维坦》的开篇里作了解释:最深刻,也是最普遍的是对暴毙的恐惧;紧接着,他总结出生存的权力是社会契约所保护的最基本的物品。人类的政治平等也因此而建立在了人们普遍的脆弱与恐惧的基础上。洛克对人类本质的认识相对比较温和。但与霍布斯相类似的,他所描述的公民社会并不是为了实现最高的人类目标或渴望,而是面向列奥·斯特劳斯所说的"底部但却坚实的层面"。这一层面包含了人类所共有的情感,诸如追寻美好生活和获得私产。

在早期的现代哲学家中,让-雅克·卢梭对人类平等的概念作出了最清晰的阐释。在他的《论不平等的起源》一书中,他指出社会不平等存在的根源事实上并不是自然出现的,而是由于人类历史,以及随着一些诸如冶金和农业等手工技巧的发明而产生的。卢梭并不是一个严格的功利主义者。他对"完美性"的解释实际上成为了康德主张的唯意志论的根源。与霍布斯和洛克相同的,他也认为政治的尺度应该降低——这与柏拉图和亚里士多德这样的传统哲学家的观念正相反,他们认为,政治生活应当是与人类最高特点的(因此也是最不公平分布的)繁荣相辅相成的。现代自由主义是基于保护最广泛(因此也是最公平)共享的人类最自然的感情。由此看来,这与美国《独立宣言》中所宣称的"众生平等"的理念相差已经不远了。他们被赋予了最基本的自然权利——"生存、自由与追逐幸福"。

这些思想家对于欧洲政治发展所带来的影响是巨大的。在 17 世纪，政治斗争都是围绕着英国内战而展开的，并直接导致了 1688 年的"光荣革命"，也产生了有史以来第一个议会制主权。反抗英国皇室绝对权力最初是基于保护"英国人的权利"的需要，也就是遭到斯图亚特王朝所迫害的那些不具代表性的封建领主的权利。但在霍布斯和洛克的影响下，在 17 世纪末，问题的关键已经不再是英国人的权利，而是自然赋予所有人类的权利。在卢梭的影响下，这一思想扩展到了法国大革命影响下的人与公民的权利。

到 18 世纪末，政治体系所要保护普遍享有自然权利的所有人这么一个核心思想基本在欧洲和北美的部分地区被确立了下来。因此，对于这一话题的讨论核心就由平等原则转移到了人类的组成上。最初，政治权利仅仅延伸至一个比较狭窄的白人男性以及财产所有者之间。而在后来的两个多世纪里，为公民权而战的问题才被扩展至更广泛的人类圈子，包括没有财产的人、非白人和女人。

西方人今天所要维护的普遍人权的基础比我这个对简单思想史所描述的内容要更加的模糊不清。"人类尊严"这样的字眼被广泛地应用于当代欧洲宪法中。但是除了保守的天主教徒，已经很少有欧洲人还会继续将尊严与宗教相联系；同样，不会有很多人还认为人类尊严是康德所谓的人类追寻真正自由意志的能力。②也不会有人还会像霍布斯、洛克以及美国开国元勋所认为的那样，相信人权可以从人类本质中获得。而那些现代自由主义者，例如约翰·罗尔斯，则认为权利是应被用来保护个人选择。这并不是康德的道德选择，而是一些经济学家所谓的个人喜好或者功效。一些激进的普世人权的维护者们也不相信这是可以从自然中获得。反之，它们不过是历史和社会发展下，顺理成章的产物。③

西方这些概念与亚洲人对它们的解读则有几点明显的不同。儒家学派将道德置于既有的社会关系中，例如：君与臣、父与子、夫与妇、兄与弟，以及朋友之间的关系。与现代早期自由主义思想不同，这个思想的出发点并不是以普通的个人来作为框架，而是深陷于各种无法改变的社会关系中的个人。大多数这样的关系存在阶层性，而且人与人之间也因为对更高级别的道德培养的不同，而产生了区别。

人类尊严中将人类与非人类区分，并赋予人类主宰自然界其他物种的这层概念在亚洲的道德体系里是缺失的。恰恰相反：亚洲的宗教，诸如佛教和道教，都认为人与非人类存在一种连续性，而且还存在一种人类世界之外的精神生活。这对道德有一种重要的暗示作用：一方面，它赋予了非人类自然界一种更高的等级，并且拥有其自己的尊严，而不仅仅是赐给了人类，并供人类肆意掠夺；另一方面，它降低了人类相对于非人类自然界的价值。因此，我认为，这也是为什么堕胎在基督教文化传统的国家里极富争议，而却极少在亚洲国家看到类似的争议的一个原因。

制度演进的区别

最后，我相信这些中西方的哲学和宗教差异对于现在真实的政治结果来说，并没有很强的因果关系，完全与它们的预期不符。举个例子，虽然犹太—基督教的传统中含有人类平等的教义，但是这一思想雏形并没有让西方社会避免出现高度层级化以及不平等的现象。事实上，在西方，直到20世纪才真正实

8. 尊严、平等与正义：规范与制度的根源

现所有成年人拥有完全的司法平等。相反，虽然中国的统治者并没有任何诸如选举之类的程序性方式来规范他们的责任体系，他们一直都在接受一种使他们在道德上为民负责的教育模式。而且他们还经常会采取措施，保护普通百姓免受特权阶层的不公正迫害。亚洲国家的威权统治少了些掠夺性质，而更多的是为了发展。这与像非洲和中东地区等世界其他地区的威权统治不同。而且，儒家认为人们的利益应该通过道德教育来保护，而不是通过程序性的保障方式。这一观点对于西方人来说也并不是完全陌生。④虽然思想对于解释这些不同的结果来说有重要的意义，但是它们必须与其他原因结合起来理解这些道理其实是包含于制度之中的。

在时间和政治秩序的不同组成部分互相作用方面，中国和西方的政治发展路径存在显著的不同。⑤对于现代政治体系来说，有三个至关重要的组成部分：国家、法治与责任体系。韦伯对国家的定义为：在一个限定的领土内，对武力的合法垄断。国家以一种中央层级形式来集中权力，并利用这样的层级形式来加强统治。一个现代国家是指世袭式统治者与被统治者的关系被逐步加强的非人性化关系所取代。相反，法治是一种对公正统治的社会统一，并且这种公众认可独立于、且高于任何统治者。虽然国家在集中权力，但是法治限制了其程度。从历史的角度来看，法治的最重要的源泉就是宗教。按照犹太教、基督教、伊斯兰教、印度教等宗教的传统，一个高级别的宗教专家集团被制造出来，并负责监督法律的实施。而且至少在理论上，这一集团的合法性是高于统治者的。最后，责任体系的意思就是统治者的行为取决于被统治者们的利益和期许。这个顺序不能颠倒。在今天的西方国家，我们通过诸如民主选择等程序性手段来制衡并实现政治责任。但是这种责任体系也可以通过道

德的层面来实现。而非民主国家则可以通过这样的手段，来实现统治者对其民众的或多或少的政治责任。

政治发展的这三个组成部分可以自由组合：即可以存在一个政治体系有强大的国家，但却没有法治和责任体系；有法治和责任体系，但却没有国家；有法治，但责任体系不健全；或者有责任型政府，但无法治。当今世界为这些不同的构成提供了各种案例。而且，虽然这些政治发展的组成部分与经济发展相关（尤其是国家和法治），但后者却是一个独立的过程，并不是现代化构成中的一个部分。

在这三个组成部分的发展顺序上，中国与西方的政治发展模式截然不同。虽然中国并不是第一个产生国家的社会，但她却第一个成为了我们所说的"现代"国家，即就是通过非人性化的官僚制度体系来代替世袭制。这种体制大约在公元前4世纪的秦国就已经开始出现了。随后，由于秦国逐渐攻克了其他诸侯国，而且在公元前221年首次统一了中华帝国，这种制度性的体制就在中国传播开了。绝大多数欧洲国家直到17和18世纪才逐步实现了这样级别的现代化国家体系。

但是中国并没有发展出上面所说的法治或者一个程序性的责任体系。中国之所以从未形成一个法治体系，我认为是因为中国从未出现过一个超越性的宗教或者国教，而不仅仅是对宗族祖先的祭拜。中国的帝王们通过宗教仪式而获得合法权，但是中国的宗教领袖却从未有一个集团性的身份使他们超然于国家之外，就好像是欧洲的天主教大教堂、印度种姓制度中的婆罗门，以及穆斯林世界里的阿訇，即宗教学者。因此，中国的宗教是隶属于君王的严密控制之下，无法对国家的权力产生任何有效的影响。主要的法律法典产生于秦、汉、隋、唐、明朝，但这些法律都无外乎属于实体法的范畴，即对帝王的意愿的解读和编撰，但对当前的权力拥有者缺乏制约。这样的状况一直延续到了今天。

而欧洲的发展模式却截然不同。大多数观察家明白，欧洲法治早于责任体系的建立（例如：民主），但是他们却忽视了法治其实也早于现代国家的建立。法律——最早是教会法，并随着时间的推移而逐渐形成了复杂的非宗教法律体系——逐渐在11世纪叙任权斗争之后的封建制的欧洲建立了起来。宗教和世俗的法律体系逐步在层级制中实现制度化，并存在于国家体系之外。当早期的现代欧洲国家建设者们，诸如法国的路易十三或是英格兰的詹姆士一世，试图去寻找一个建立中央集权且现代的官僚制国家，他们必须在已有的封建法律体系的束缚下来实现这一任务。当然，这样的封建法律体系是不能保护普通老百姓不受特权阶层的欺压，但是这却起到了限制拥有绝对权力的帝王的产生，从而保护欧洲特权阶层的作用。也正是如此，欧洲君主的权力受到了限制，从而没有形成一个中国模式的国家。

责任政府的产生——这里我特指议会制民主——也是历史偶然性的附加产物。自加洛林王朝覆灭后，欧洲的政治权力极度的分散。几乎所有的欧洲社会都拥有一套封建制度。这套制度从立法机构开始，但逐步转向对政治决议操控的角色，尤其是在增加赋税方面，例如：法国的君主法庭、西班牙的法庭、匈牙利和波兰议会、全俄罗斯缙绅会议，以及英国议会。当早期的现代国家整合它们的权力时，它们从这些机构和制度中寻找权威。根据不同的社会结构、经济状况、地理环境，以及本地的传承文化的不同，这些权力阶级或强或弱。在欧洲也有不同的表现。在法国、西班牙和俄罗斯，他们势力弱小、权力分散，但是在英国、匈牙利和波兰则相对强悍。而且，只有在英国存在着势均力敌的国王和国会。正是因为如此，没有一方可以绝对控制另一方，也成为1688年宪法决议的基础。现代民主的出现，从某种意义上来说，也是因为封建制度的偶然存活以及分权制本质的政治权力的存在，并一直在欧洲历史上延续了很长时间。

中国在很早的时候就出现了现代意义上的国家，但这个国家并没有受到预先存在的制度化的法律体系的束缚。因此，这个过于早熟的集权国家则有能力来预防一个可以与其争权夺利的社会阶级在随后两个千年里的发展。与欧洲不同，中国从未出现过具有割据势力的世袭的贵族阶层来统治他们自己的领地⑥，也没有出现过受自由城市庇护的商业中产阶级，也不存在独立的僧侣或牧师阶层，当然也更没有出现过一个强大的邻国可以为当权者的反对者提供庇护。这样的历史形成了一种路径依赖，强大的国家能够破坏新社会阶层的形成。比如说，国家限制了新宗教动员非特权社会阶层的能力，从汉唐时期的道教到佛教，以至19世纪的太平天国都是如此。缺乏强有力且有凝聚力的社会其他阶层，中国社会几乎不太可能进行动员并反抗国家集权，因而也就无法形成一个程序性的责任体系。

相反，在欧洲的许多地方，法治超前于现代国家的建立，并限制了其范围。由于要保护一些封建制度，特权阶层可以凝聚形成一个强有力的社会团体，并最终促成了限制国家的正式程序性责任体系。但是，这一结果仅有一部分是由意识形态概念上的平等和尊严所决定的。责任体系并没有在法国和西班牙形成，并在俄罗斯遭遇惨痛的失败。然而在匈牙利和波兰，它却如此的强大以至于削弱了国家的中央权力，并最终导致这两个社会失去其君主权。这样的差异通过不同社会阶层的强弱来解释，比合法性思想的扩散要更有说服力。因此，并不存在一个唯一的由西方普世价值所决定的欧洲发展路径。

虽然强大且早熟的现代中国国家并不受到法治或正式的责任体系的约束，但这并不是说就没有任何其他能够限制君权的东西。之前提到过的就是道德：中国的君王和他的满朝文武从意识形态上受制于仁德思想，而且在长期的历史中都表现得比其邻国更加现代。中国国家还受到了其能力的局限，以及农业社会普遍出现的政府无力渗透至社会最底层的局限。但是，一个缺乏法治和责任体系约束的现代国家有可能出现暴政，这也是中国历史上政治生活的一个显著特点。从秦朝第一位始皇帝到唐初的女皇武则天，再到20世纪初，中国也许在现代官僚制政府的建立上成为了一个佼佼者，但是从未解决所谓"昏君"的问题。

结　论

思想与制度的交汇是一个复杂的过程。思想塑造了制度，并通常被当作"黏合剂"，用来动员社会各阶层参与到政治生活中来。宗教几乎在所有已知的社会中都具有这一功能，就好像佛教和基督教的教义在很多时候都被用来作为反对体制性动员的工具。另外，制度也影响思想。国家使用宗教或世俗的思想来为他们自身的合法性服务，并试图镇压对他们的权威构成挑战的异端邪说。

因此，问题的关键在于一些诸如民主与法治思想在中国和西方的发展过程。人的权利或者马克思列宁主义的思想对于18世纪动员资产阶级，以及20世纪动员无产的农民和工人阶级起到了重要作用。反过来，在政治中对这些思想的贯彻落实也取决于各个社会的不同物质状况。如果不是后加洛林时期的欧洲具有政治权力的极度碎片化的出现，独立于国家意愿的法治社会的兴起也就不会深深地植根于欧洲文明之中。同样，政府应当对公众负责以及政府权力的合法性来源于被统治者的思想，就更加容易在一种类型的社会中传播。这种社会类型的特点就是：存在具有广泛性、有组织、且能够对抗国家权力的社会团体。

相对于比较传统的、也就是存在于工业革命之前的社会体系来说，政治发展的条件对于当代世界各国都有着更显著的不同。思想与制度都将更加容易地跨越国家边界。它们在全球范围内互相竞争，这在早期的历史上是看不到的。对于哪种思想更具有合法性的判断最主要的还是取决于它们所依附的社会的物质成就，而不再是其内在的价值或者它们与文化传统的一致性。自由民主及对权力的笃信是在一个非常确定的文化范围内形成的。就像我之前说过的，现代民主是基督教对人类普遍尊严阐述的一个世俗版本。但是尊严和平等的思想在全世界传播是因为它们与富裕且有权力的社会紧密结合。如果它们成为普世价值，这将不是因为它们特殊的文化渊源，而是因为基于它们所建立起来的制度也证实对非西方国家有作用且可实施。

注释：

① 我相信基督教对于影响现代意义上公平的概念比犹太教发挥了更为重要的作用，因为后者，也就是犹太教徒认为他们与上帝达成协议并赋予了他们与非犹太人不同的地位。正因为如此，犹太教也从未成为一个去劝诱非犹太人皈依的宗教，也没有散播过众生平等的理念。

② 参见总统生物伦理委员会出版的《人类尊严与生物伦理：总统生物伦理

委员会文集》，华盛顿，2008。
③ 请参考我与大赦国际组织执行主任威廉·舒尔茨的对话，参见弗朗西斯·福山：《自然权力与人类历史》，载《国家利益》2001年第64期，第19—30页。
④ 举例说明，苏格拉底在《理想国》中营造的"正义城"仅仅是因为守卫阶层所接受的教育，而并不是因为一些程序性的对权力的制衡。
⑤ 这部分来源于我即将出版的新书《政治秩序的起源：从史前时代到法国大革命》，2011年。
⑥ 有一个例外就是在西周早期存在封建割据势力。但是在这段时期出现的这种世袭的贵族体系存在于一个大的直系血亲体系内，从未拥有过与欧洲封建领主一样集中的地方权力。

9. 平等：一个理论与行动框架*

[爱尔兰] 凯瑟琳·林奇** 著 张言亮 译

一、不平等的世界

我们生活在一个非常不平等的世界和社会中。虽然不平等的规模和本质在每个社会和每个社会群体之间都不同，但是现在有大量实证研究显示：经济（物质上的）不平等如何在国家和全球层面对于人类的健康和福利产生了直接和间接的不利影响。经济不平等不仅对所有人的健康不利，甚至对富裕国家经济状况较好的人的健康也不利。①而且，不平等在很多不同方面都对公共福利有害：不平等降低了信任和教育期待，增加了焦虑和社会张力，并且在某些特殊的环境下，增加了暴力、政治不稳定和犯罪。②

最近关于经济不平等的实证研究显示：经济不平等在很多

---

* 本文译自论文"Equality: A Framework for Theory and Action"，经授权发表，略有删节。

** [爱尔兰] 凯瑟琳·林奇（Kathleen Lynch），系爱尔兰都柏林大学社会正义学院平等研究中心教授。

国家都在上升；即使在欧洲富裕国家内部，欧盟成员国之间的经济不平等在过去10—15年间也有增长。[③]然而，经济不平等只在工业化国家和整个世界构成一些重要的不平等。正像很多理论家和社会运动所强调的，还有很多重要的关于尊重和认同的不平等：不同群体成员之间地位的不平等使他们向彼此展示不同程度的尊重和轻视。这种尊重的缺失转换成有损于经济和政治尊重的政治和实践。

以尊重为基础的不平等在男人和女人之间的关系上可以反映得很明显：即使在理论上男人和女人有同样的社会地位，但是在这个世界上，没有任何一个国家的男人和女人有同样的社会地位；没有任何一个国家可以让有同等收入的男人和女人拥有同样的特权。[④]在很多国家，对于残疾人、种族和文化上的少数民族、工人阶层、依靠福利生存的人、女同性恋者、男同性恋者以及双性人也缺乏深层次的尊重。尽管我们全球范围内主要的研究都没有记录人们不被尊重所基于的多种理由，但是基于身份的不平等对上百万人都有着复杂且伤害性的影响，最为明显的受害者是妇女。

在对待爱、关心、团结[⑤]这些关系的方式上，以及忍受虐待和暴力等反面关系的程度上，个人和群体同样在很多时候变化相当大。我们只需要考虑儿童、老人和囚徒在一系列社会团体中（包括在家庭中）所受的折磨，就会看到在不平等的情感向度中，人们的境况会变得多么不同。

不平等的第四个地方是权力。在整个世界上，权力不平等地运行着，通过减少附属个人和附属群体能力的方式；不平等的权力不仅限于正式的政治体制，而且包括工作场所、中学、大学、公民社会组织和家庭中的权力不平等。支配和附属的关系是包括性别、种族、性征、残疾和阶层在内的很多社会区分的典型特征。[⑥]

随着这一综述变得清晰起来，我们看到不平等有一些明显的特征：某些群体相对于其他群体享有特权。我们认为，不平等和不正义首先是社会结构安排的结果，不是个人选择、幸运或机遇的随机结果。考虑到这一点，不平等的问题被人们（这些人发现他们正在经受不平等和不正义）的政治运动推到政治议程以及学术讨论当中也就不必吃惊了。我们也不会吃惊政治哲学的最新关注是社会正义问题，尤其是平等问题，这与民权运动、妇女运动、同性恋解放运动、残疾人运动、反资本主义运动——这在过去10年各大陆举行的"世界社会论坛"（the World Social Forum）上有所反映——等社会运动是一致的。这些社会正义运动对好几个学科都产生了深远的影响，尤其是对人文和社会科学。这些运动导致人们在已有学科中建立起新的专业方向：女性经济学、女性哲学、批判文化研究，同时还包括新兴研究领域或学科的发展，例如妇女研究、残疾人研究以及平等研究。在学术研究和社会运动之间的反复关系既滋养着学术研究和社会运动，也对学术研究和社会运动构成挑战。

二、一个平等框架

学术挑战的一个主要部分是发展出一个理论和行动的框架，并且，这一框架足够丰富，能够包括通向平等的不同道路以及平等主义者们不同的关注点。为了这个目的，下面的表1概括了我们在《平等：从理论到实践》一书中所提出的一个改进的概念框架。该表作了两个维度的区分。首先，它区分了三个不同的平等概念：基本平等（basic equality）、自由平等主义（liberal egalitarianism）和条件平等（equality of condition）。关于每一个观点，尤其是后两个，我们还区分了四个主要的平等向度：（1）尊重和认同；（2）资源；（3）爱、关心和团结；（4）权力。这些平等的向度在理论层面上反映了政治和社会学中不断出现的社会平等运动。尽管它们很明显是对"什么平等"这一问题的回答，但它们发生在不同的理论层面，典型地出现于哲学文本中。在我们的观点中，将这些平等的向度放在通向平等理论与实践体系的中心是正当的，因为它们足够明显，而且非常重要，不能将它们作为次要的东西来对待。[7]

激进的条件平等在所有向度上都不同于自由平等主义者的观点。条件平等不仅要求容忍差异，而且要求一种"批判的跨文化主义"，这种主义鼓励来自不同社会群体的成员进行互相支持且批评性的对话，每个人都可以从这种对话中学习。它设想这样一个世界：人们的整体资源比他们现有的更为平等，所以人们对于好生活的预期是大致类似的。它将人们在这种社会条件下对爱、关心、基于团结的社会关系等的期望设为目标。它并不仅仅要求在正式的政治体制中提升权力的平等，而且要求在整个社会中提升平等。它要求工作的负担和利益应该被更为平等地分担，并且人们工作的条件应该相应地更为平等。它要求保证每个人获得在比较广泛的意义上对他们的自我完善有益的学习形式。[8]

我们对条件平等的支持建立在经验证据的基础之上；有些复杂的统计数据显示，自由平等主义的目标被不平等的财富、身份和权力暗中破坏，有些人拒绝挑战这些不平等。正如威尔金森（Wilkinson）和皮克特（Pickett）的数据所显示的：罗尔斯主义的"机会公平均等"论证是完全站不住脚的：在一个经济非常不平等的社会中，很难取得机会平等。[9]非常简单，当非常不平等的工资、薪水、权力和特权被赋予某些特殊职位时，有特殊资源的父母就会使用这些特殊资源来确保自己的孩子最有利地在已知的竞争中得到这些最具价值的职位,这些特殊资源包括教育、职位或其他形式的继承(包括通过社会关系网络来继承有价值的社会资本)。即使政府支持公共机构的平均主义目标,他们也会使用不同的资源来使私人所得最大化。[10]但是我们也会利用一些论证来揭露自由平等主义的内在矛盾及其有限的假设和范围,尽管我不会在这里讨论这些问题。

表1 基本平等、自由平等主义以及条件平等

平等的向度	基本平等	自由平等主义	条件平等
尊重和认同	基本尊重	普通公民权 容忍差异 公共/私人区分	普通公民权 "批判性的跨文化主义":接受多样性;重新定义公共/私人区分;对文化差异进行批评性对话 限制不平等的尊重
资源	生存需要	关注反贫困 罗尔斯的"差异原则" (使穷人的期望最大化)	广义定义资源的实质平等,目的是满足需要以及大致平等的幸福期望
爱、关心和团结		一个私人问题? 充分的关心?	对爱、关心和团结等关系的充分期望
权力关系	防止非人道和有辱人格的待遇	基本的公民权利和个人权利 自由民主	自由权利但是有限的财产权 与群体相关的权利 更强的且参与更多的政治 将民主延伸到正式政治之外的其他生活领域:学校、家庭、工作组织、公共服务、公民社会组织

111

一般来说，这一理论框架跟社会科学家发展出来用于分析不平等的那些范畴是如何联系在一起的呢？我们回答这个问题的方式是：集中于四个主要的社会体制（将它们作为平等主义改变的背景）。与卡尔·马克思和马克斯·韦伯的社会学传统相一致，我们把经济体制从文化体制和政治体制中区分开。然而，因为受到女性主义理论的影响，我们也强调情感体制（情感体制关注提供和维持爱、关心、团结等关系）的重要性。[11]因为，在对不平等的理论叙述中，把情感领域包括在内是不平常的，所以我会多解释一下这意味着什么。

自由主义者以及大多数激进自由主义者把关心、爱和团结等问题托付给私有化的家庭世界。[12]但是，关心和爱是公共意义上的产物；养育、关心和展示团结是生产性的活动，能够满足基本的人类需要。[13]

由于婴儿、疾病、老龄、损伤以及其他缺陷，所有人在人生不同阶段都迫切需要关心，感情体制尤其会在这样的事实上凸显出来。[14]对人类发展来说，被照顾同样是一个基础性的先决条件。[15]并且，爱、关心和团结的关系有助于建立一些基本的感觉：重要、价值、归属、被赞赏、被需要和被关爱。[16]被剥夺爱和关心会使人体验到一种失败和缺失。[17]人类是关系的存在，他们的关系性与他们的依赖性和互相依赖性复杂地捆绑在一起。[18]

我要说的是：我们需要促进关于不平等的理论思考，将平等从韦伯式的和马克思的结构主义三部曲（社会阶级、社会地位和社会权力）——这种结构主义三部曲是用来考察剥削的首要范畴——的知识框架中解脱出来。尽管关心的世界和生活中的情感领域是社会行动中的个体领域，但它们与经济、政治和文化体制深深地交织在一起。下面的表2总结了我们对于这四种体制的分析。

表 2　平等和不平等的主要内容

主要的社会体制	每种体制的主要功能	在每种主要体制中具有关键作用的制度和体系
经济的	生产、分配以及交换商品和服务	私营部门生产者和服务提供者 国家经济活动（运输，公共服务等） 志愿机构服务提供者 合作社 工会
文化的	生产、文化实践和产品的传播与合法化	教育体系 大众传媒 宗教 其他文化体系（公民社会团体、包括艺术家/作家/音乐家、博物馆、戏院、美术馆、音乐厅等）
政治的	制定和执行具有集体约束力的决策	立法/决策体制 法律制度 行政官僚机构 政党 压力集团 竞选组织 公民社会组织 家庭
情感的	提供和维持爱、关心、团结等关系	家庭 友谊网络 给予关照的机构（孤儿院、儿童之家、老人之家等） 给予关照的网络（邻居、工作场所等） 从事正义和平等工作的团结群体——志愿者组织、工会

尽管这四种社会体制倾向于产生关于平等或不平等的不同向度，但是它们中的每一种体制也会在我们所确认的其他向度中产生平等或不平等。例如，经济体制不仅包含资源的不平等，也包含尊重和认同的不平等、权力的不平等，人们接受爱、关

心和团结的途径的不平等。关于平等和不平等四个向度的叙述因此打断了四重的社会体制分类，并且能够被用来在每一个体制以及其他背景中研究平等和不平等。

下面的表3形象地描述了经济体制、政治体制、文化体制和情感体制之间的关系，并且描述了与平等/不平等向度相关的每种体制。这四种社会体制深刻地交织在一起。雇员和雇主之间的经济关系也是一种政治权力关系，一种渗透着尊重/不尊重和关心/不关心的关系。父亲和孩子之间的关系也并非仅仅是情感关系，同时也是经济、政治、文化关系。虽然情感关系在架构人们如何被爱和关心方面起着关键作用，但是经济关系和权力关系也很重要，国际上无处不在的虐待儿童事件和家庭暴力（包括虐待老人）使这一点很清楚。这些情况对于公共政策的重要性在于：不强调相关社会体制中的不平等，而仅仅强调不平等的问题或者在某一个社会体制中的社会正义问题，这样做是不可能的。因为人类是多向度的，他们不断变化的身份在结构上被影响着，所以不平等是交叉的，而且纠缠在一起。

不正义不仅来源于体制内关系运作方式中产生的不正义，而且源于体制内过程运作中产生的不正义，其中包括关于不同形式的工作和教育的负担与快乐的分配方式。在《平等：从理论到行动》一书中，我们把下面这些看做平等地工作和学习：

> 在当今社会，工作的负担和利益被不平等地分配，那些承担最多负担的人经常得到最小的利益。卑微工作的负担常常与可能最低的工资和最差的工作条件相伴。在个人家庭中，照顾家人的负担通常得不到报酬、得不到承认，并且在做的时候很少得到支持。[19]

条件平等包括扭转这些不平等、要求工作的负担和利益必须被更平等地分享、人们的工作条件在性质上更加平等。[20]

不正义不仅关乎一个人的所得收入和资源,而且决定着如何得到收入和资源的运作过程,不论一个人是否总是在做困难并且/或者无聊、肮脏以及劳累的工作,或者仅仅被给予很可怜的资源,承受着过度拥挤的教育。劳动、支付和未支付等不平等的分配被塞耶尔称为"贡献的不公正"(contributive injustice)。[21]见表3。

表3 不平等/平等产生的四个关键体制映射到平等的四个向度和相关过程

体制	不平等/平等的向度				
	资源	尊重和认同	权力	爱、关心和团结	
经济体制		×	×	×	让获取资源、尊重、认同、权力、爱、关心、团结的过程变得平等
政治体制	×	×	× ×	×	
文化体制	×	× ×		×	
情感体制	×	×	×	× ×	

不平等不仅发生在所有的体制中,而且对不同群体的运作方式在不同体制中也不尽相同。尽管社会阶级不平等很明显产生于经济领域,但它不仅限于此。阶级不平等也产生于文化体制;文化品位是阶级分层的,所以工人阶级的口音、服装风格、说话方式、吃饭方式、对音乐和文学的品味等在文化上被解释为不如中产阶级。[22]在基于阶级的不平等中具有很多隐性的伤害,虽然这些伤害在不同文化中会以特殊的地域和种族形式显示出来。

从这个分析框架中产生了一个有意思的问题:不同社会群体所经历的体制性的不平等是否产生于不同的社会体制?这个

问题不仅具有科学意义,而且有助于我们识别一种体制,在其中,社会运动和政策制定者应优先努力实现一个更加平等的未来。例如,工人阶层所经历的不平等(在一些国家,农村工人而非城市工人可能构成工人阶级的大多数)很明显是由经济体制所产生的,尽管他们也在文化和政治体制中面临着体制性的不平等,他们也会在情感体系中遭遇特殊的危险——例如,他们遭受暴力、无家可归和监禁等危险更大。对女同性恋者、男同性恋者、双性人和变性人来说,认为他们所遭受的生殖资源不平等主要在于文化体制似乎更为合理;在文化体制中,性等同于异性性行为,而其他性倾向则被定义为"不正常的"。尽管性倾向对于获得工作机会有影响,因此可能加剧经济不平等,但是,证明与性有关的不正义首先(通过文化贬低)产生于文化领域似乎更有道理。不平等的原因与其他群体有关,不平等问题涉及由性别、阶级、残疾、种族和性别等交叉区分所产生的各种身份;强调不平等的原因问题,对于知识和政治的重要性而言都是一个挑战性的任务。[23]

三、伦理、情感和政治改变

政治理论倾向于用三种不同方式定义人类个体:首先,作为一个公共人物;其次,作为一个缺少关系性的自主的人;第三,作为一个自足的理性(大脑)存在者,体现在笛卡尔哲学的假设"我思故我在"中。大多数政治平等主义思考的分支主要关注更"公共"领域的生活,也就是国家的政治关系、市场的经济关系、统治社会认同的文化关系。它们首要关注的是收入和财富、身份和权力的不平等。罗尔斯的《正义论》自1971年出版以来,就成为英语世界中的重要著作,这是一个明显的首先关注公共领域的文本案例。

然而，正像人类是经济的、政治的、文化的一样，人类也是伦理的、肩负责任和充满情感的；在日常生活中统治人们行为的价值系列以及与之相伴的情感，对于人们如何生活以及如何界定他们自己来说是主要的。[24]人们纠结于"什么是好"以及"什么不是那么好"之间的选择；他们的生活被规则（大多数社会行动的世俗规范性）所支配。[25]因为人类生活在情感关系的现实中，他们也有情感的关系和纽带，这些情感的关系和纽带能够加强他们作为道德行动者的行为动机，使他们以"他人智慧"来行动而不是以"自我智慧"去行动。[26]说这些并不是否认如下事实：人们在所有关系中能够并且忽视他人的感情；他们能够并且冷落、怠慢和羞辱他人。然而，在界定世俗世界规范的斗争中，在攫取私利和管理相应的情感中，斗争的意义恰在于如何平衡对他人的关心和承诺。

因此，考虑到人类关系性的复杂特征，社会行动在经济、权力和身份意义方面并不仅仅以利益为主导。尽管利益确实在架构选择和行动时起到作用，但人们是可以评价的；他们根据关系、金钱、工作和/或闲暇与他们的关系来作出道德判断。因为人们受到亲属的养育（被养育），他们被看做照顾者和被照顾者，他们的决定被其爱、关心和团结的优先事项和价值所影响，这在个人和政治层面都是如此。脆弱性并不仅仅鼓励自利，脆弱性从婴儿时期也鼓励伦理行为。

将社会建立在团结的基础上是一个政治选择，这个选择对于人类繁荣来说具有非常积极的含义。例如，我们知道，人们在更为平等的社会中比在不平等的社会中会对别人赋予更多的信任和关心；公众对关爱和团结的尊重不仅影响政治，同样影响亲密的实践。[27]承认人类的脆弱性无疑会在传统的经济意义上驱使人类自利，但它也会驱使人成为道德和关系的行动者。如果人们被帮助、被教育并被要求这么做，那么在承认自身脆弱性的同时，人们也会认识到其他人的脆弱性。

爱、关心和团结等关系不仅与它们能够在个人方面产生什么（或者它们的缺席对于个人、社群和社会有什么消极作用）有关，而且跟它们在政治上能够产生什么（根据预示不同关系的方式，超越分离、竞争和强化等关系）有关。将政治建立在爱、关心和团结（一种充满关心的概念）的伦理基础上，而不是建立在竞争和自利（一种缺乏关心的概念）[28]的伦理基础上，可能有助于产生那种有利于人类福利、追求平等主义的社会类型。它会以"他人中心"的原则去处理和包容理性的经济利益原则，因此，驱使经济的和社会的政策在总是聚焦于如下两个向度的意义上是伦理的：它不仅关注单纯的自身经济利益或者进步（为增长而增长），同样关注在关爱自我的语境下去关爱别人。

一种容纳政治参与新模式的政治空间（它将完全彻底地重新定义公众）就依赖于那种关系性。它可以引导政治欲求，使之承认脆弱性并以他人为中心。尽管经济和政治上的自我利益必然在欲求上起到重要作用，但是，有余地通过关系性界定欲求，尤其是通过命名和承认团结集体（最终是个人）的利益来界定欲求。

四、社会科学中的规范性、实证主义以及对情感的忽视

为了超越将人类定义为公共的、理性的、脑力的行为者这种狭隘界定，人们需要强调在当今社会政治理论中的另一个张

力,即,在由实证主义者主导的社会科学中存在的规范和分析之间的张力。尽管坚持在实证和规范之间作出区分,对于避免将先天假设和价值表述为经验有效的"事实"很重要,但是这种两分法也给我们提出了分析的独特问题。其中的一个问题是:分析对于所产生的规范作用不感兴趣,对于相关的社会生活中的情感关系也不感兴趣。然而,正如塞耶尔在其分析社会阶级以及相关不平等时所观察到的那样:人类并不是在感情上和道德上相分离的实在。他们能够而且会作出道德选择。这些选择常常被他们的关系性所驱使。㉙

人类不是缺少脆弱性的对象;他们对情感、身体和精神上的损失和伤害有一种敏感性。㉚他们的脆弱性为其关系奠定了基础,不管这些关系如何复杂和矛盾重重。承认人类选择和行动显著的关系性并非意味着关系性是无私的,或者关系性被单纯的利他主义所驱使。关系性的存在者同时生活在自主的空间中,他们既是自利的但又是相关的。人是关系中的人,并不是分离的、可被消解的人。㉛在古典经济学的意义上,自利可能确实会使人们在其他生活领域以他人为中心,自主性并不是关系性的敌人。关系性也不是自主性的敌人;为他人利益考虑的人对他人的需要和欲求更敏感,并且,这种关于他人的知识使他有能力服务于他人,通过互惠的欣赏和行动来获得回报。

五、将平等带入实践

反对平等主义的一种典型抱怨是:抱怨世界的不平等是很对,但我们很难说一个替代性的世界看上去会怎样。这个抱怨很难证明是正当的:平等主义的社会远见者自古以来就设想了针对现存不公正社会的替代性选择。然而,随着环境的改变以及我们对社会体制理解的改进,它理应允许我们对一个正义社会秩序的概念进行新的设想。通过经济学、政治学、法律、社会学、教育学和女权主义等领域,以及从我们作为研究者的共同经验中,我们选择了清楚地说出一些通过制度改变而提升条件平等的方法。

在当今经济学中,新古典主义进路构成了知识范式中的主宰。其中央模式和市场机制效率的解释力量给人留下了深刻的印象,新古典主义经济学家倾向于把不平等解释为市场关系不可避免的结果,而且是有益的结果,这尤其反映在工人带入劳动力市场中不平等的人力资本上。当然,有更多批评性的进路,包括将资本主义当做一种系统的剥削来分析的马克思主义。从这一观点来看,不平等既不是正义的也不是有效的。[32]

最近有关平等、增长和效率之间关系的研究,为这些争论加入了一个新的向度。大量实证研究显示:较大的经济不平等事实上与较低的经济增长联系在一起,尽管这一关系的原因备受争议。[33]该研究还显示:大量的经济不平等会导致政治不稳定和政治疏离。[34]

一个带来更多经济平等的较为极端的模型是市场社会主义的观点,这一观点被罗默(Roemer)界定为:"对于各种经济安排来说,其中的大多数商品,包括劳动力,应该通过价格体制和公司利润来进行分配,无论是否被工人所管理,这些东西都在人群中相当平等地分配。"[35]西班牙巴斯克地区的曼德拉贡(Mondragon)的合作发展模式也值得考虑,该模式已经持续了50年,它不仅仅是理论性的,而且已经付诸实践。这种模式要求对资本主义经济进行根本的改变,或者说,在曼德拉贡的案例中,大大超越了资本主义的实践,根据合作社中共享商品所有权和服务的原则,人们的收入既有最高限也有最低限。[36]

现在转向政治体制,我们到处都可以观察到:几乎在生活的所有领域,决策都是由精英控制的,这些精英主要由统治集团的人员构成,这也被政治研究所证实。在政治体制中,将条件平等制度化会因此包含更多民主的参与形式,其中包括六个主要的特征。第一,在决策制定的时候,将包括大量普通公民的参与。第二,他们将迫使社会彻底地民主化,将被现在认为是政治的东西延伸到所有主要的社会制度,尤其是商业、学校、公民社会和家庭。第三个特征与第二个特征密切相关,即参与形式的民主必须植根于民主社会的习性中。民主不仅仅是制度问题,民主依赖于参与人员的态度和价值。在这种社会中,无处不在的民主决策使每个公民无法更深入地参与任何一种类型的政治事件。因为这个理由,参与式民主的第四个特征是:所有层面的参与应该是代表多样性的。因为任何可行的民主形式包括任用选举的代表,所以,第五,发展出可靠的代表形式是重要的。最后,民主的参与形式需要丰富的沟通。其成员需要通过个人证言、充满激情的言辞、独立的分析、歌曲、辩论、诗歌(包括人类的所有交流形式)去跟每个人交谈。[37]

参与民主制的这种愿景面临很多障碍。其中一些似乎是一种强民主制观念的内在障碍,包括对公民能力的怀疑、所谓的不切实际、多数人的暴政。其他障碍主要是不平等在其他社会体制中的影响。关于这些内在障碍,我们会论证:现代公民确实能够按照参与民主制所提出的要求而行动,因为发展一种参与性社会的过程会增进知识、技能和公民忠诚。我们相信:一种合适的、有责任的代表体制与参与民主制的原则是一致的,并且,这是确保其实用性的关键之处。我们坚持认为:传统多数原则的民主公式是误导性的,只要下决心去做,政治体制有多种方式能够保护脆弱的少数人。[38]在极度不平等的社会中建立参与民主制面临着非常可怕的困难，并且反映着政治、经济、文化和情感等不平等之间的关系。不过，在各种背景下的参与经验表明：人们可以在政治领域中取得真正的进步，并且，这将反过来给其他体系带来更多的平等，包括经济体制。㉟

法律制度是平等的另一重要环境，因为它规定着其他社会制度，并且，它处于国家和公民社会交集的位置上。尽管一些社会运动在追求平等主义目标上有效利用了诉讼，但这个体制作为一个整体却倾向于增强不平等。法庭表面上的不偏不倚和独立掩盖了如下事实：它们不断从事的是政治的而不是纯粹技术的判断。它们的统治一般是维持不平等；它们不仅通过物质效果，而且通过语言和形式的意识形态或象征效果给某种知识的看法和形式赋予特权，而把其他的排除出去。这些不平等被下面的事实所恶化，法律制度从物理上排除了那些无法出庭的人，并且有效地排除了那些缺乏法律训练的人参与决策的过程。㊵

使法律体系更为平等的方式是建立一种实践体系，它允许法庭考虑广泛的相关证据，特别是通过使用法庭之友辩护（amicus curiae briefs）（由感兴趣的第三方、社会学以及其他背景信息组成）。这些证据，尤其是基于有助于解放形式（emancipatory forms）的研究（正像下面所讨论的），允许包含比目前大多数情况下法庭所接受的更为广泛的观点和知识形式。这些程序当然需要更多的资源，并且需要对法官和律师进行适当的培训以支持这些程序。虽然对民主命令和对法院管辖权的关心不应该阻止他们考虑分配正义的问题，但是我们可以通过修订司法审查的补救办法来强调这一点。

对平等具有重大意义的第四个社会体制是教育体制。正式的、强制性的教育部门在社会中发挥了重要的作用。目前，学校加强了上述所有的不平等向度,但它们也有潜力促进一个更为平等主义的社会。

从资源的不平等出发,尤其是从与社会阶层有关的不平等出发,学校很明显是在从事一种范围广泛的不平等实践。[41]跨国研究显示,在最有效地应对不断增强的基于阶级的不平等方面,学校所扮演的角色是:在社会范围内普遍降低经济不平等的程度。[42]但是在教育体制内部,较大的平等则可以通过放弃严格的分组制度来获得,在涉及选择和分组时挑战中上阶层家长的权力,挑战课程和评价体制,以便使他们把更广泛的人类智力包含在其中。[43]

很多群体在教育中所经历的主要不平等是缺乏尊重和承认。这里有三种教育实践尤其重要:常常伴随着贬低或谴责的一种普遍的沉默或熟视无睹;学校教学大纲和实践中的体制性偏见;不同班级或学校之间的隔离。学校需要发展出更多的包容性过程以尊重差异,不仅在其组织文化中,也在其课程、教学和评价体系中。他们需要接受其他人的信念、生活方式、价值和体制化实践,并且以一种批评性的、交互的方式去行动。对于出现在社会阶级、性别、种族、能力和其他差异中的具体的不平等问题,他们需要教育其职员和学生。[44]

权力不平等对于大多数学校的组织来说都是核心。然而,使教育民主化是重要的,这不仅因为学生自己不断反对学校控制和权威的等级形式[45],而且因为学校在准备使学生成为民主公民的时候所扮演的角色。在学生与老师的关系层面,民主化包括用平等相处取代优势对话、用合作和共治取代等级制度、用主动学习和主动解决问题取代被动性。在学校和学院组织层面,民主化包括民主结构的制度化,以及向民主结构提供资源,比如,学生、家长/社区委员会行使真正的权威和责任。民主化还要求在学生、教师、父母和当地社区之间发起新的对话体制。[46]

教育体制在增进爱、关心和团结的平等方面扮演了一个重要的角色。然而，教育却忽略了这个任务，它不仅忽略了这些关系所包含的情感，而且忽略了一般的情感。[47]因此，学校需要去欣赏情感在教与学过程中所扮演的重要角色。学校需要为老师和学生提供一个空间，去讨论他们的情感和关注。需要设计教育经历，使学生发展其情感技巧或个人智力，即一个独立的人类能力领域。[48]

六、结　论

在这篇文章中，我设法展示了一个多向度的概念框架并将它应用于一系列主要的社会场景，这一框架是将平等观念付诸实践的一种富有成效的方式。我特别强调，将情感平等作为新平等主义计划的核心成分，并且，我提出了一些如何影响平等主义社会改变的中心问题。我希望这个关于我们工作的扼要概括，能够鼓励读者去阅读在《平等：从理论到行动》和《情感平等：爱、关心和非正义》两本书中更为本质的陈述。[49]

注释：

① Michael Marmot, "Health in an Unequal World", "The Harveian Oration", Paper delivered to the Fellows of The Royal College of Physicians of London, on Wednesday 18 October 2006.

② Richard Wilkinson and Kate Pickett, "The Problems of Relative Deprivation: Why Some Societies Do Better than Others", *Social Science & Medicine*, Vol. 65, 2007.

③ European Commission, *European Research Against Exclusion*, *Poverty and So-*

cioeconomic Inequalities*, EU Research Area, 7th Framework Programme: Brussels. 2010.

④ Andrew Sayer, "The Injustice of Unequal Work", *Soundings*, Issue 43, Winter, 2009, pp. 102 – 113.

⑤ 爱情关系指的是一种高度相关性的关系，这是超越时间的最大依恋、亲密和责任。它们或起源于继承，或起源于契约依赖，或起源于相互依赖，主要是一种相互关心的关系。次要的关爱关系是较低层次的相互依赖关系。尽管它们包括关爱责任和依恋，但是，根据是否满足依赖需求，尤其是满足长期的依赖需求，它们并没有肩负同样深度的道德责任。关于次要关爱关系的选择程度和可能性程度并不适用于最主要的关系。团结关系并不包括亲密行为。它们是政治形式或社会形式的爱情关系。团结关系有时是被选择的，比如什么时候个人或群体为了他人的福利（这些人的福利与他们自己的福利仅仅部分有关或者并没有直接的关系）集体合作，或者团结可以通过法律或道德惯例来强加，这些惯例是有集体约束力的。尽管大多数人都很容易在个人层面上认识爱情和关爱的价值，但是对于团结却很少理解。团结更是情感关系中政治的或公开的面孔；一些人说它是政治形式的爱情。有些社会鼓励支持那些不自主的他人，在这样的价值中，团结找到了其表达方式。它不仅是一系列的价值，也是一系列的公开实践。一方面，团结指的是在创造和维持地方社区、邻里方面所做的工作；另一方面，其主张的是在当地、国家和全球层面上的公民社会中有关社会正义和人权的工作。人民在自己的国家中愿意支持脆弱的他人，或者支持其他国家被剥夺基本权利以及无法过一种有尊严的生活的人，团结在这样的意愿中发现其表达。在一个既定的社会中，团结的等级可以反映在任何事情中，从社区活动的活力到人民愿意支付税收以支持他们和其他社会中脆弱的群体。团结存在于公共生活中道德体系、情感体系和政治体系重叠的部分。（关于爱、关爱和团结之间不同的更充分讨论，参见 Kathleen Lynch, "Love labour as a Distinct and Non-Commodifiable Form of Care Labour", *Sociological Review* 54(3), 2007, pp. 550 – 570。）

⑥ 另一种类型的不平等与工作和学习的条件和机会有关。特权群体有更好

的工作条件、更好的获取成功和满意工作的机会、更好的获得有价值学习的机会(John Baker, Kathleen Lynch, Sara Cantillon and Judy Walsh, *Equality: From Theory to Action*, London: Palgrave Macmillan, 2009, pp. 5 – 8)。我不会在这篇文章中讨论这个主题,尽管我们在书中确实对这个问题进行了讨论。

⑦ John Baker etc., *Equality: From Theory to Action*, Ch. 2.

⑧ Ibid., pp. 33 – 42.

⑨ 这本书包括对世界上富裕国家在不平等和较平等的规模和影响上的国家数据所进行的元分析(meta-analysis)。

⑩ Kathleen Lynch and Moran "Markets, Schools and the Convertibility of Economic Capital: the Complex Dynamics of Class Choice", *British Journal of Sociology of Education*, Vol. 27 (2), 2006. pp. 221 – 235.

⑪ John Baker etc., *Equality: From Theory to Action*, pp. 58 – 62.

⑫ Seyla Benhabib, *Situating the Self: Gender, Community and Postmodernism in Contemporary Ethics*, New York: Routledge. 1992; Carol Gilligan, *In a Different Voice*, Cambridge: Harvard University Press. 1982; Carol Gilligan, "Hearing the Difference: Theorizing Connection", *Hypatia* 10 (2), pp. 120 – 127; Virginia Held, "The Meshing of Care and Justice", *Hypatia* 10 (2 Spring), 1995, pp. 128 – 132; Anna G. Jonasdottir, *Why Women Are Oppressed*, Philadelphia: Temple University Press, 1994; Eva Feder Kittay, *Love's Labour*, New York: Routledge, 1999.

⑬ Martha C. Nussbaum, "Emotions and Women's Capabilities", in Nussbaum and Glover, ed., *Women, Culture and Development: A Study of Human Capabilities*, Oxford: Oxford University Press, 1995; Martha C. Nussbaum, *Upheavals of Thought: The Intelligence of Emotions*, Cambridge: Cambridge University Press, 2001.

⑭ Martha Fineman, "The Vulnerable Subject: Anchoring Equality in the Human Condition", *Yale Journal of Law and Feminism*, Vol. 20, No. 2008, pp. 1 – 23.

⑮ Eva Feder Kittay, *Love's Labour*, New York: Routledge. 1999; Martha C. Nussbaum, *Upheavals of Thought: The Intelligence of Emotions*, Cambridge: Cambridge University Press, 2001.

⑯ Kathleen Lynch, John Baker and Maureen Lyons, *Affective Equality: Love, Care and Injustice*, London: Palgrave Macmillan, 2009.

⑰ Maggie Feeley, "Living in Care Without Love – The Impact of Affective Inequalities on Learning Literacy", in Lynch et al., *Affective Equality: Love, Care and Injustice*.

⑱ Carol Gilligan, "Hearing the Difference: Theorizing Connection", *Hypatia* 10 (2), 1995, pp. 120 – 127; Eva Feder Kittay, *Love's Labour*, New York: Routledge, 1999.

⑲ Eva Feder Kittay, *Love's Labour*, New York: Routledge, 1999.

⑳ John Baker etc., *Equality: From Theory to Action*, p. 39.

㉑ Andrew Sayer, "The Injustice of Unequal Work", *Soundings*, Issue 43, Winter, 2009, pp. 102 – 113.

㉒ Pierre Bourdieu, *Distinction: A Social Critique of the Judgement of Taste*, tr. Richard Nice, London: Routledge and Kegan Paul, 1984; Beverly Skeggs, *Class, Self, Culture*, London: Routledge, 2004.

㉓ John Baker etc., *Equality: From Theory to Action*, pp. 65 – 71.

㉔ Andrew Sayer, *The Moral Significance of Class*, Cambridge: Cambridge University Press, 2005, pp. 5 – 12.

㉕ Ibid., pp. 35 – 50.

㉖ Joan C. Tronto, "Reflections on Gender, Morality and Power: Caring and Moral Problems of Otherness" in S. Sevenhuijsen, ed., *Gender, Care and Justice in Feminist Political Theory*, Utrecht: University of Utrecht, 1991; Joan C. Tronto, *Moral Boundaries: A Political Argument for an Ethic of Care*, New York: Routledge, 1993.

㉗ Richard Wilkinson and Kate Pickett, *The Spirit Level: Why More Equal Societies Almost Always do Better*, London: Penguin, 2009.

㉘ 我并不是建议自利不可欲求，我也不认为自利在工作中有时无法为别人服务。

㉙ Andrew Sayer, *The Moral Significance of Class*; Andrew Sayer, "Language and

Significance or the Importance of Import", *Journal of Language and Politics*, Vol. 5, 3, 2006, pp. 449 – 471.

㉚ Martha Fineman, "The Vulnerable Subject: Anchoring Equality in the Human Condition", *Yale Journal of Law and Feminism*, Vol. 20, No. 2008, pp. 1 – 23.

㉛ Paula England, "Separative and Soluble Selves: Dichotomous Thinking in Economics", in M. Albertson Fineman and T. Dougherty (Eds.), *Feminism Confronts Homo Economicus: Gender, Law and Society*, Cornell: Cornell University Press, 2005, pp. 32 – 56.

㉜ John Baker etc., *Equality: From Theory to Action*, pp. 78 – 82.

㉝ Ibid., pp. 82 – 84.

㉞ Richard Wilkinson and Kate Pickett, *The Spirit Level: Why More Equal Societies Almost Always Do Better*, London: Penguin, 2009.

㉟ John Roemer, *Equal Shares: Making Market Socialism Work*, ed. Erik Olin Wright, London: Verso, 1996, p. 13.

㊱ Ramon Flecha, "The Mondragon Corporative Corporation: A Real Non-capitalist and Non-statist Company", Paper presented at the *International Sociological Association, XVII World Congress of Sociology*, Gothenburg, Sweden, July, 11th-17th Jul 2010.

㊲ John Baker etc., *Equality: From Theory to Action*, pp. 96 – 101.

㊳ Ibid., pp. 101 – 113.

㊴ Ibid., pp. 113 – 117.

㊵ Ibid., pp. 118 – 123.

㊶ Kathleen Lynch and John Baker, "Equality in Education: The importance of Equality of Condition", *Theory and Research in Education*, Vol. 3, (2), 2005, pp. 131 – 164.

㊷ Dennis J. Condron, "Social Class, School and Non-School Environments, and Black/White Inequalities in Children's Learning", *American Sociological Review*, Vol. 74, Issue 5, 2009, pp. 683 – 708; M. Duru-Bellat, A. Kieffer and D. Reimer, "Patterns of Social Inequalities in Access to Higher Education in France and Germany", *International Journal of Comparative Sociology*, Vol. 49,

Issue 4/5, 2008, pp. 347 – 368; N. Tieben and M. Wolbers, "Success and Failure in Secondary Education: Socio-economic Background Effects on Secondary School Outcome in the Netherlands, 1927 – 1998", *British Journal of Sociology of Education*, Vol. 31, Issue 3, 2010, pp. 277 – 290.

㊸ John Baker etc., *Equality: From Theory to Action*, pp. 144 – 154.

㊹ Ibid., pp. 154 – 169.

㊺ Kathleen Lynch and Anne Lodge, *Equality and Power in Schools: Redistribution, Recognition and Representation*, London: Routledge Falmer, 2002.

㊻ John Baker etc., *Equality: From Theory to Action*, pp. 161 – 163.

㊼ Nel Noddings, *Caring: A Feminine Approach to Ethics and Moral Education*, University of California Press, 1984.

㊽ John Baker etc., *Equality: From Theory to Action*, pp. 164 – 168.

㊾ Kathleen Lynch, John Baker and Maureen Lyons, *Affective Equality: Love, Care and Injustice*, London: Palgrave Macmillan, 2009.

10. 全球化、帝国主义与军国主义：对正义、平等和尊严的影响*

[加拿大] 威廉·D. 科尔曼** 著　贾亚娟　译

本文主要围绕两个问题展开，一是正义、平等与尊严在当今世界所面临的挑战；二是在实现正义、平等与尊严的过程中所取得的经验和教训。我特别考察了国际上日益突出且彼此关联的三种现象，即全球化、帝国主义和军国主义。许多观察家将上述三个现象看做是当代实现全人类正义、平等和尊严的障碍。为了考察这三类现象与正义、平等、尊严的关系，我列出几点看法来说明这些现象是如何阻碍平等、正义、尊严目标的实现的。我所提供的分析路径与其说是政治哲学的，不如说是从一个研究全球化15年的学者角度展开的。

正义的实现意味着个人得到公平、公正的对待，获得应得之物。只有当人与人之间忠诚、诚实、尊重地彼此相待，正义

---

* 本文译自"Globalization, Imperialism, Militarism: Implications for Justice, Equality and Dignity"，经授权发表，略有删节。

** [加拿大] 威廉·D. 科尔曼（William D. Coleman），加拿大滑铁卢大学政治学系教授，贝斯利国际关系学院国际治理创新中心"全球化与公共政策"主席。

才有可能实现。只有当人类在诸如保健与健康、对营养食物的获得、财富的占有和文化主权等人类社会生活主要构成因素方面处于相近状态，人与人之间的平等才能实现。只有实现上述方面的均衡与相似，人们才能真正处于相同"水平"，才能享受相同的优待与权利。即人们享有的基本生存状况越相似，人们就越有可能公平地对待他人，与人竭诚相待。最终，获得尊严可以被看做是实现公平和正义后的一个必然结果。

当我们放眼整个地球，着眼于全人类，甚至一切地球生物时，当代的全球化进程通常被看做是导致不平等、不公正、无尊严状况的原因。批评家们常常针对全球化的一种特定表现形式——全球资本主义——提出质疑，全球资本主义以全球范围内金融市场的融合为典型特征，导致既存的社会关系遭到破坏，维系社会平等与正义的公共政策受到干扰。另一个与全球化问题紧密相连但又迥然不同的问题是经济—政治—文化制度与安排，不同的经济—政治—文化制度与水平使一些特定国家，尤其是美国，在国际社会居于支配和主导地位，能够对其他国家施加影响。这种绝对支配力在一些人看来就是帝国主义。因为帝国主义支配和控制的实现，通常必须以军事力量的增强和间或诉诸武力作为支撑。当一个霸权国家不断加强军事部署，并以此作为其实施全球控制与支配的主要工具时，与之相伴的是，本国公民对军事实力的颂扬和作为军事强国的身份认同的发展。上述结果通常可用军国主义的概念来概括。当具有全球触角的国家以军国主义作为中心路线时，在全人类实现正义、平等和尊严的目标便渐行渐远。

本文通过以下三个步骤来探究上述假设。首先，考察全球化的含义以及学者们针对全球化与帝国主义关系的既有研究。其次，深入探究在美国参与的全球化时代，帝国主义和军国主义的关系问题。最后，总结出当代新帝国主义模式对正义、平等和尊严提出的挑战。

全球化

由于学科背景和理论研究范式不同，学者们对全球化问题的认识和理解也是众说纷纭。另外，学者们还必须认识到，正如其他一些人文社会科学领域的概念一样，全球化已成为人们日常生活的一部分，"全球化"频繁地出现在大众媒体以及政治家、企业管理人员和各类社会运动、非政府组织的日常话语中。无论是公开还是私下场合，谈论"全球化"都多少带有感情色彩，而且能够传达出人们在当今世界重大问题上的立场。①

随着全球化研究的学术文献不断更新，研究中的思维共性也逐渐显露。"Global"一词用来指"跨星球"（transplanetary）的规模和现象。"跨星球"现象不仅局限于经济领域（在大众的日常话语中它经常被使用在经济领域），还包括政治、文化、军事以及非人类领域。②近些年，交易规模的扩大、交流沟通渠道的扩展和跨国交往的发展都有案可稽。但是，许多学者却强调，"跨星球"关系的发展并不平衡：富裕国家内部的联系和交往比贫穷国家突出，即使在富裕国家内部也存在发展不均衡现象。关注全球化的历史学家注意到，全球化进程在过去几个世纪中的重要性逐渐增长。如果略微回顾一下过去的150年，我们就会发现，全球化的重要性只有在1870年至1914年间较为显著，但是此后直到20世纪80年代初，这种现象却大幅式微。③

研究人员普遍认为"跨星球"联系在第二次世界大战后有加速的趋势，尤其是20世纪70年代后，这种趋势更为明显。对于这种趋势的解释不一，但核心观点都认为，全球金融市场的快速发展导致资本主义活力的增强，这是全球化趋势加快的主要原因。金融资本的主导地位，导致了一种全新的全球资本主义模式的出现。④资本主义模式的改变与信息通讯技术的革新休戚相关，技术上的革新使跨国联系更便捷。因此，信息通讯技术的飞速发展为全球范围内快速便捷的联系提供了可能。

基于以上分析，我从以下角度定义全球化：全球化是指全球范围内人与人之间联系与沟通方式的变革性增长。当前，许多联系以超地域、跨国界的形式出现。全球化以更为深刻的方式，将人们的行为、经历、心路历程紧密联系在一起。简言之，社会和个人开始将他们生存的这个世界看成一个整体，并在这个统一体中为自己赋予了新角色，除此之外，他们通过构建这种跨世界的关联，共同迎接挑战，最终实现幸福与安康。

全球化与帝国主义

"帝国主义"一词通常被用来概括与"帝国"相关的概念。在历史长河中，"帝国"曾呈现出多种形式，不同的帝国曾统治过世界许多地区。17 世纪和 18 世纪的欧洲帝国都遵从一种形式，即一个政治体控制了广袤的领土，统治着该地域上种族各异的臣民。远在海外的领土就是大家所熟知的殖民地。但帝国也拥有一些不能被称为殖民地的非正式的领地，通常在这种情况下，帝国会使用海上力量或以军事操控和商业主导等方式，威逼利诱以迫使弱小国家放弃其主权。"帝国主义"一词就是指在帝国的创建和扩张过程中，与之相关的思维方式和过程。

因此，虽然全球化与"帝国主义"或帝国的建立之间存在千丝万缕的联系，但它们毕竟是本质不同的过程。在帝国的构建过程中，世界不同地区之间的联系日渐紧密——这些联系逐渐演变为一种支配—被支配关系。因此，从这个角度而言，帝国主义能够在全球化过程中，为跨国联系的增长创造物质条件。正如历史学家萨米尔·索尔（Samir Saul）在一次有关"全球化和自治权"课题的网络讨论中所说的："全球化虽然是一个持续进行的累进的过程，它的历史或多或少可以追溯到遥远的过去，但是只有到了最近，全球化才成为突出的现实。随着时间的推移，日益紧密的联系逐渐使世界统一为一个整体。伴随着帝国的操控范围的扩大、帝制规模的扩展，之前毫无关联的区域之间建立起联系，并深刻地改变着它们之间的既有关系。"

当今的全球化进程，是否能够导致全新的帝国主义模式的产生，对此，人们已经进行了大量讨论。其中有些涉及美国是否是一股帝国主义势力；与19世纪欧洲的帝国相比，美国有何异同。史密斯（N. Smith）在他的一项研究中表明，美帝国的发展经历了三个历史阶段，1898年爆发的美西战争是美国扩张主义的分水岭，史密斯补充说，之后美国的扩张主义更多的是采取地缘经济而非地缘政治模式。[⑤]史密斯所谓的"地缘经济"是指"权力的运用最初是通过世界市场实现的，其次，只有在必要的时候，才通过地缘政治方式实现"[⑥]。正如我们所观察的那样，政治和军事力量的使用是为了不断开辟和获取世界市场。概言之，美国的帝国力量不仅决定了全球化进程的特点，而且逐步促进了全球市场的扩展。

在本文中，我特别关注过去40年全球化进程与美国强权之间的关系。在以往的学术讨论中，学者们已经就两者之间的关系提出了若干不同观点。讨论的焦点主要集中在，帝国的控制如何实现，美国是否代表着一种全新的帝国统治模式，或是一种与过去相差无几的统治模式。学者们都认为，全球化为帝国主义的出现创造了物质和文化基础，而这种帝国主义是历史上范围最广、影响最深的,但是,学者们却不太同意美国在其中所扮演的角色。

迈克尔·哈特(Michael Hardt)和安东尼奥·内格里(Antonio Negri)在2000年出版的《帝国》一书中,试图将当前的帝国模式与早期的帝国模式区别开来。全球化不是单一的过程,而是一个纷繁错杂的进程。经济进步导致了世界市场的发展,而世界市场在很大程度上是由那些能在世界范围内组织生产经营的跨国公司开创的。与经济全球化相伴随的是生产方式的变革,这种变革源自于"在全球坐标系内进行生产"这一理念,此时,民族国家边界变得无足轻重。哈特和内格里特别强调了全球货币或金融市场的构建,以及这些市场是如何解构一个国家的金融和经济市场的。[7]

哈特和内格里反对世界体系论的观点,即将这种发展单纯视做世界市场发展的长期历史趋势,视做不断扩张的资本主义的延续。哈特和内格里认为,当前这种情形是"全新"的,是"具有重大历史意义的转变"[8]。要想理解他们的论点,就必须首先理解两种发展趋势。第一,他们指出,信息和通信技术的发展促进了通讯网络的建立,通讯网络与新的世界秩序产生了一种"有机联系";"通讯方式不仅能够体现和代表全球化,而且能够组织全球化运动"[9]。这些网络不仅对于大众主体的创建至关重要,而且在从"规训社会"(disciplinary society)向"控制社会"(the society of control)的过渡中起着举足轻重的作用。通讯网络创造了不拘泥于领土版图的新的空间。哈特和内格里频繁使用"去疆域化"(或"去领土化",deterritorialization)概念,使人不禁想起另两位全球化学者,扬·阿特·肖尔特(Jan Aart Scholte)[10]和约翰·汤姆林森(John Tomlinson)[11]。

其次,哈特和内格里认为,全球权力关系的变化使经济权力和政治权力聚集靠拢。此刻,"帝国"的概念被投入使用。他们将帝国描述成一种"制度",该"制度"利用"去中心的、分权的统治机构,积极地将全球纳入其不断扩张的、开放的边界之内"。[12]他们认为,政治全球化进程依赖于不断发展的全球法律体系(司法制度)、行政体制、治安策略,以及以人权等普世观念为基础的全球道德体系。另一方面,帝国的控制力与行政方式,以及帝国的礼俗规范等概念,都随着这种政治进程而得以发展。这种"制度"既无中心,亦无边界。

因此,在他们看来,"美国,或是当今世界上任何一个民族国家,都不能成为帝国的中心。帝国主义早已成为历史,没有任何一个国家能像近代欧洲国家那样,真正成为世界的领袖"[13]。在《大众:帝国时代的战争与民主》一书中,哈特和内格里详细论述了这一立场:

> 当然,并非所有帝国网络内的国家都是势均力敌的,相反,一些国家国力强盛,而另一些国家却国力衰微,而构成帝国网络的企业和机构也与国家类同,其势力强弱不等。尽管它们之间存在差异,但是它们通过各自内部的分层和等级安排,以及彼此间的合作,共同创建和维持当前的世界秩序。[14]

因此,"世界上任何一个国家,即使是最强大的美国,也不可能在世界舞台'唱独角戏',都不得不通过与帝国系统内的其他主要国家合作,来共同维持世界秩序"[15]。

起初,美国声称,与欧洲国家的主权衰落相比,自己是一个例外。[16]美国继续将自己描述为世界领袖,以促进全世界范围内民主、人权和国际法治的实现。但是,美国的例外主义也意味着另一个例外，即在法律上的例外。哈特和内格里想借此引出强国所惯用的双重标准问题：一国对外发号施令，而自己却无须遵守与服从。他们补充说，这种例外正是专制独裁的基础，是实现自由、平等和民主的绊脚石。

乌尔夫·赫德陶福特（Ulf Hedetoft）却对哈特和内格里的观点持有异议，赫德陶福特认为，美国作为超级大国的情形，在某种程度上与19世纪的帝国主义并无二致。[17]他认为，第二次世界大战后，随着布雷顿森林体系的建立，美国开始致力于推行一种"新帝国主义"的政策路线和行动方针。因而，在战后一段时期内成立的机构组织以及相应的制度安排都符合美国的政策目标。他认为，正是由于这一目标的持续连贯性与方式方法的灵活变动的共同作用，才产生了我们当前所谈论的"全球化加速发展"的态势。基于此点，赫德陶福特认为全球化实际上是由美国主导、跨国企业利益驱使而形成的开放经济系统。

他从三个方面将"新帝国主义"与早期的帝国主义相区别。首先，与史密斯观点相似，赫德陶福特认为，与基于领土征服与控制而建立起来的传统殖民帝国不同，新帝国主义凭借更为宽泛、间接的策略组合来实现其控制与征服的目标。其次，全球化和帝国主义之间的因果关系和自反关系也得到了逆转：殖民帝国主义为战后全球化进程创造了许多经济、地缘政治、技术、制度、文化等方面的条件，而当代的全球化进程又为新型帝国主义政治的发展奠定了基础。最后，殖民主义是一个由帝国和民族、政治和文化进程组合而成的奇特的混合体，在很大程度上，任何一个中央机构都无法实现彼此协调。而美国现在却正在扮演着一个协调的角色。在此，赫德陶福特与哈特和内格里的观点迥异，他认为："世界的'单极'结构——美国的强势及其全球利益——不仅使全球化进程更为协调，而且将全球化和美帝国逐步融合为一。"他补充说:"第二次世界大战之后,一个奇特的生物体诞生了,它将强大的民族主义、主权控制、'国土安全'政策与实现全球霸权的雄心抱负和自由的世界主义目标融为一体。"[18]

如上所述,史密斯将1898年美西战争看做是美帝国的"第一时刻"。他将1945年界定为"第二时刻"的开始,此后,美国参与设计并创立了一系列国际组织和机构,如国际货币基金组织、国际复兴开发银行(世界银行)、关税及贸易总协定框架下的世界贸易制度,以及联合国。他认为"第三时刻"开始于冷战结束后和"反恐战争"开始之际。

赫德陶福特的分析与之相似,他认为,重大的"全球转变"发生在冷战结束后。这种全球转变进一步巩固了美国新帝国主义全球战略的主导地位。赫德陶福特写道:"这种转变不是断裂,而是一种或多或少急速的方向转变。"[19]赫德陶福特在总结这一转变的同时,建议应该围绕三个轴线对此转变进行追踪和考察。第一个轴线是"首要性"问题,"是指美国主导的、自由的全球化进程与国际秩序之间的优势序位"[20]。全球化和世界秩序之间的对称性平衡在1990年之后朝着有利于"美帝国"的方向转变。这种逐渐产生的不对称,使美国通过一系列行为放弃了一贯主张的不干涉别国内政的原则,这些行为包括设定"实现全面主宰"的目标、发动反恐战争、确定"防御性打击"的原则和权利。第二个轴线是"范围",指1990年之后美帝国在地缘政治方面的扩展。[21]随着苏联牵制性影响的消失和两极格局的消亡,其他国家被美国的经济和军事实力吸引,形成了以美国为中心的世界格局。第三个轴线是帝国的空间扩展对全球化的"质量"和"深度"的影响。这些转变促使人们不得不重新思考政治(全球)治理问题以及主权的含义。

总之，在赫德陶福特看来，第二次世界大战结束后，历史发展的脉络清晰地表明，经济的发展不仅先于军事实力的壮大，而且能够增强军事实力。与此同时，军事实力的持续增强为经济实力的进一步提升开辟了道路。[22]1971—1973 年间国际货币制度的崩溃对于赫德陶福特的分析至关重要，旧的国际货币制度的崩溃使美元汇率随市场波动，因此，美国在政治和商业领域能够自由地运筹帷幄。实际上，赫德陶福特的分析侧重于强调美国是如何通过对全球化的掌控来实现其新自由主义经济目标的。而其他学者则看到了美帝国走向全球而引发的负面后果，即追求高度军事化的帝国主义。

帝国主义与军国主义

查默斯·约翰逊（Chalmers Johnson）是一位研究中国和日本政治的美国政治学家，他在 1995 年对冲绳岛进行了一次惶惶不安的访问之后，便开始研究美国式的帝国主义。在参观了岛上 38 个美军基地后，他不禁产生了疑问，为什么在第二次世界大战结束后 50 年，这里仍然保留着美国的军事设施。这个问题促使他对全世界的美国军事基地及其支撑系统进行了广泛和深入的研究。约翰逊得出了与赫德陶福特相似的结论，即美国在根本上是按照帝国模式运作的。

然而，与赫德陶福特的观点不同，约翰逊主要从帝国的军事方面进行分析。他认为美帝国通过"投放"武力而得以运转；在全球范围内建立军事基地，正是这种武力"投放"的主要途径。在他的分析中，区分"军事"和"军国主义"至关重要。"军事"是指"一个国家在其防御战争中所需要的素质和能力、制度和机构，以及全部活动"[23]。因此，军事实力是保卫国家独

立之能力和获得"个人自由"所必需之物。与此对应,"军国主义"是指一种总体制,即,该国军事机构:

> 将捍卫国家安全和维护政府机构完整作为其制度和机构维护的重中之重。……当军队转变成一个军国主义的机构,它就很自然地开始取代那些真正处理与他国关系的政府机构。㉔

安德鲁·巴塞维奇(Andrew Bacevich)深入分析了军事在当今美国社会所扮演的角色,他从不同的视角对军国主义进行了概括:

> 将战士看做是理想、传奇的化身,将军事力量作为国家实力的衡量标准,对武力效用的夸张预期。在某种程度上,美国人开始史无前例地从军事备战态势、军事行动能力以及对军事理想的培育的角度,来定义国家的实力和未来的福祉。㉕

在巴塞维奇看来,新军国主义表现为,随着诉诸武力偏好的提高,最终将导致战争的常规化。㉖

在仔细查阅官方文件的基础上,约翰逊估计,截至2005年,美国的海外军事基地达到737处。㉗在他看来,在国境内保有军事基地是国防战略的组成部分;而在国境外建立和保有军事基地只能被理解为军国主义。2002年,时任美国总统的乔治·布什曾在西点军校的一次演讲中指出,美国拥有单方面权力来推翻世界上任何对美国安全构成威胁的政府。他认为,美国必须"时刻准备着在必要时候先发制人采取行动,以捍卫我们的自由和保护人民的生命……我们身处的这个世界，唯一实现安全的途径就是付诸行动，而这个国家时刻准备行动"[28]。在布什总统看来，军事备战要求美国在世界上尽可能多地建立军事基地，这样在需要捍卫美帝国利益时，美国的武装力量可以在世界任何地方挺身而出，实施快速有效的军事打击。"实际上，军事部门已将军事上的绝对优势看成是必须实现的目标，在提高军事实力的努力过程中，丝毫的犹豫不决和懈怠都将被认为是落后和即将衰败的表现。"[29]

总之，赫德陶福特和约翰逊都认为，要想准确理解跨国暴力行径的发生，就必须研究美国式的帝国主义。约翰逊补充说，我们必须认识到，这种帝国主义是一种史无先例的"军国主义"式的帝国主义："美国的军事基地网络并非军事戒备的标志，而是一种军国主义的标志，它们是与帝国主义相伴相生的。"[30]与此相反，哈特和内格里则将国际化与暴力联系起来，认为这种关联源自去中心化的统治体制。他们认为美国所扮演的角色非常重要，但绝不是主导和支配地位；美国只是与其他资本主义国家、跨国公司以及为其提供雇佣服务的人员和机构通力合作，共同行动。

军事帝国主义的制度结构

与当代全球资本主义市场的网络结构一样，军事帝国主义也遵从一种网络逻辑规则。美国的全球军事基地网络在20世纪逐步发展起来，在第二次世界大战后迅速扩张，尤其是它在欧洲和东亚的军事基地发展得尤为迅猛。另一个加速发展时期是冷战结束之后。据约翰逊所言，军事基地本身就像一种"微型殖民地"，因为它们完全独立于东道国的管辖权之外。美国在海外建立军事基地时，几乎总会与东道国协商签订《驻军地位协定》。该协定规定，东道国的法院不得因美军事人员对当地居民的犯罪行为而行使司法管辖权，除非在一些特殊案例情况下，美国才将其军事人员主动移交当地司法部门。因为美国军事人员不持有普通护照，且不受当地移民法规的监管，所以美国军方有可能将被指控犯罪的军事人员遣送出东道国。2001 年，美国宣布与 93 个国家签署了《驻军地位协定》。除此之外，美国还拒绝接受国际刑事法院的监管。因此，无论是东道国的国内法律还是国际法，对美国军事人员都不具有司法管辖权。

美国全球军事基地处于地区总司令的命令和指挥之下。冷战后，这些地区指挥官集中了更多的权力，管辖的事务范围扩大到情报、特别军事行动、空间资产、核武器、军售以及军事基地等领域。[31]地区总司令所制定的"战区接触和参与计划"相当于针对特定国家的外交政策声明，内容主要涉及如何进一步发展与当地军事组织和机构的合作关系。从这个方面讲，地区总司令在特定区域内，其影响力已经超过美国国务院派驻的大使。地区总司令直接向美国总统和国防部长报告，避免了繁琐的外交层级汇报和指令程序。中东、太平洋地区、欧洲和拉丁美洲分别由不同的地区总司令负责。随着地区总司令制度的发展，国防部加快了其替代国务院作为制定和执行外交政策的主要机构的步伐，而成为乔治·布什政府的外交机构的有力补充。[32]现在美国驻扎在海外的军事人员的数量已经超过其外交人员、援助人员以及地区问题专家的数量。

如果我们研究一下以定值美元计算的每年军费总支出，自 1955 年开始，该支出从未低于冷战前的军费开支水平。近来，如果将军方外包的服务开支也计算其中，那么，据约翰逊估计，每年有 7500 亿用于专门和长期的军费开支；[33]其中，用于伊拉克和阿富汗军事行动的费用为 1200 亿，核武器 164 亿，退休金、医疗费以及老兵伤残补助 1000 亿。当我们把这些数字置于世界范围内考察时，美国的军事优势是不言自明的。

冷战后，美国不再以"防御性国家"的面目示人，而是在面对潜在的威胁和挑衅时，努力维护其自身及其同盟国的安全。美国并没有急于宣布胜利，也没有关闭海外军事基地、遣返军队，而是赋予了自己新的角色，认为自己"有责任保护"其他国家和社会的"人权"免遭侵犯，避免"种族灭绝"的发生。除此之外，美国也宣称自己有责任推行美国式民主和市场经济，击退和遏制拉美贩毒集团，平息地方叛乱，打击"流氓国家"，当然还包括永无休止的"反恐战争"。约翰逊就美国后冷战时代的五大军事使命进行了概括：

1. 保持相对于世界其他国家的绝对军事优势。
2. 窃听本国公民、盟友以及敌方的交流通讯。
3. 尽量多地控制石油资源以满足国内能源消费需求和军事需要。
4. 为军工复合体提供机遇和收入。（在其最近的著作中，约翰逊称之为"军事凯恩斯主义。"）
5. 确保军事人员及其亲属生活舒适，当军事人员在海外服役时，其家人能够得到妥善照顾。[34]

约翰逊总结出的五大军事使命即使被综合考察，也无法解释美国海外军事基地不断扩张的原因。他进而回归到军国主义和帝国主义问题上来，认为美国星罗棋布的军事基地反映了美国领导人控制和主宰其他民族与人民的冲动和欲望，而这仅仅是因为他们认为自己有实力这么做。[35]

实际上，与冷战时期相比，美国在冷战后更加频繁地参与到战事之中。[36]巴塞维奇写道："超级大国发动小规模战争不是为

10. 全球化、帝国主义与军国主义：对正义、平等和尊严的影响

了防御，而是为了掌控这些小国。小规模战争是帝国主义战争。"㉜在这个时期，美国在东欧、伊拉克、波斯湾、巴基斯坦、乌兹别克斯坦、阿富汗和吉尔吉斯斯坦拥有了新的军事基地。这些新军事基地使美国相应缩减了它在德国、土耳其和沙特阿拉伯的军事部署，而这三个国家对于美军事基地的反对也日益升温。伊拉克和科威特在建的几处规模庞大的军事基地，预计将取代沙特阿拉伯的军事基地。约翰逊认为，美国入侵伊拉克的幕后原因是为了将美国在中东的军事部署的重心移至伊拉克，而伊拉克又是产油大国。㉝新保守派人士甚至开始公开谈论美国的单边主义行动及其所扮演的帝国主义角色，其呼声日益高涨，在布什政府中影响日益巨大并占有重要地位。

讨论：平等、正义和尊严

在探讨全球化、帝国主义和军国主义对平等、正义和尊严的影响时，我们应该同样注意，有些学者似乎对这种情形与事态并不关心。他们认为，美国扮演的是一个仁爱慈善的角色。但当我们考察该领域著名学者所提出的观点时，我们很容易发现，他们并不否认美国的帝国主义倾向及其军事实力，而是认为，所有这些都是用来实现积极的目标的。我接下来将简要呈现两位美国学者的观点，进而继续讨论本文的主题。

另类视角

艾莉森·斯坦格（Alison Stanger）出版了一本考察美国军方对私人部门利用和合作的著作，它是迄今为止该领域最为综合的论著。她不仅对军事私有化所产生的影响发表意见，也对美

国式帝国主义问题进行评论。她承认,美国的确是帝国之首,但在她看来,美国也是一个被世界"心甘情愿"接受的帝国。她认为这个帝国是一个"拥有众多节点的网络,这个网络能够把世界上那些支持在美国本土所形成的价值观的个人和社会集结在一起"[39]。进而,她认为美帝国在人类历史上独一无二,美国利用其宣扬的经济自由、机会均等的"普世"理想的感召力来实现其核心利益。"它将不同国界内的人们联合在一起,使这些被解放的人们扬眉吐气,尽管他们之间可能存在着国籍、种族、性别或宗教方面的差异。"[40]因此,美帝国的形成是其他国家主动参与和选择的结果,并非像古代帝国那样通过威逼胁迫而形成。"美帝国是第一个不需要依靠民族主义来维持的、真正的全球性的帝国,它本身所具有的融合性远远超越了以往任何一个大国。"[41]

另一方面,斯坦格并没有对约翰逊等学者提出的美国军事势力范围的观点进行反驳。事实上,她通过对越来越多私人承包商参与美国军方活动的细致入微的研究,帮助我们更好地理解军工复合体这一奇特现象。如其所述,伊拉克战争中,阿布格莱布(Abu Graib)监狱发生了伊拉克人受虐事件,但由于该监狱由私人承包商监管,因而此事件并不受日内瓦《禁止酷刑公约》的制约。她特别考察了承包商是如何渗透美军军事活动的各个方面的,甚至包括战斗本身。她认为,在帝国的各项活动中,虽然军事行动是其核心部分,但总体而言,帝国的活动是善意的。它在捍卫自由主义、自由和民主的普世理想;帝国将那些拥有共同理念并希望团结在一起的国家聚拢在一起。

约翰·伊肯伯里(G. John Ikenberry)是普林斯顿大学政治学系和伍德罗·威尔逊公共与国际事务学院研究政治学和国际事务的著名学者。他常常就美国霸权问题以及美国是否可以被称为帝国等问题发表看法。在此，我特别关注他在2004年发表的题为《自由主义与帝国：美国单极时代秩序的逻辑》的一篇论文。如题所示，作者认为在一国与他国的关系中，有两个"逻辑"起着重要作用。第一个是自由逻辑，它产生了一种政治秩序，该政治秩序"建立在'自由主义霸权'、扩散性互惠安排、公共产品供给以及一系列政府间机构和工作关系的基础之上。发达的民主国家在一个'安全共同体'框架内运行，使用武力和以武力相威胁在这个框架内几乎是不可想象的。这不是帝国——而是一个由美国主导的、开放、民主的政治秩序，它无名无姓，但却前所未有"[42]。第二个是帝国逻辑，萌生于美国新保守派的单边主义战略。"这是一种秩序愿景，即美国通过耀武扬威地行使权力，逐渐摆脱多边主义的束缚，先发制人，主动出击，以瓦解和颠覆敌对的独裁统治。对伊拉克的入侵便是为了实现这一雄伟宏大的战略目标。"[43]

随着分析的逐渐展开，伊肯伯里认为，如果说美帝国的确存在的话，那么它与历史上任何一个帝国都不相同（此观点与斯坦格类似）。虽然这个国家曾有过侵犯拉丁美洲和中东的不堪历史，但"战后与之交往的国家愈发达愈民主，美国所主导的秩序就越是建立在磋商和谈判的制度之上，美国在各方同意的前提下寻求更多的国家参与其中"[44]。伊肯伯里承认，美国主导下的世界秩序是一种层级关系，而它的最终为继靠的则是经济和军事实力。但与斯坦格的观点类似，伊肯伯里认为这种秩序本质上是自由的，并且"被用于服务和保障民主以及资本主义制度的发展"[45]。

伊肯伯里用这样一句话作为结语："当一切都尘埃落定，美国人与其说对统治世界兴致勃勃，不如说是对这个充满规则和制度的世界本身兴味盎然。"[46]另外，与斯坦格的观点类似，伊肯伯里也承认美国的统治带有帝国主义的因素，但是在追求民主的、资本主义世界秩序的过程中，这些因素尽在掌控之中。如果仔细研读他的文章就会发现，美国统治中存在"非帝国"的因素，这又不得不提及其他的发达资本主义国家，尤其是欧盟和日本。而更多"粗鲁"的帝国式干预则发生在其他地区，如拉美和中东。这一观点有可能与约翰逊和赫德陶福特的观点不谋而合。他们承认，美国与经合组织成员国和与较贫穷的非经合组织成员国之间存在着不同种类的国家关系。大部分经合组织成员国通过向美国划拨领土供其设立军事基地的方式，来支持美帝国。

然而，我们必须认识到，当谈及正义、尊严和平等时，西方帝国很自然认为其核心信仰及实践具有普世意义，能造福全人类。自由主义、自由式民主、经济自由等理念被用来为美国式帝国主义的存在合法性进行辩护，这与19世纪英法帝国的言行如出一辙。随着这些普世价值观念的宣传和普及，帝国产生了一种居高临下的优越感，认为自己代表更先进的文明，而其他民族和社会则应受帝国主宰与控制。例如，美国和加拿大就援引了19世纪至20世纪初期西方帝国自我标榜的发达文明和基督教的理念，来为自己攫取北美土著居民土地的行为进行辩解。这种对土著居民的强取豪夺被美其名曰为"对野蛮人的文明化"，而这种灾难性的后果至今仍挥之不去。

博温托·迪·苏萨·桑托斯（Boaventura de Sousa Santos），著名的法学家和社会学家，曾提出了一个疑问："另一种知识形态是否存在？"他认为，几个世纪以来西方强国所声称的普世价值理念很难被摆脱和突破。帝国往往认为自己的文化是广博而完整的，当帝国与其他具有不同文化观念的社会发生联系时，这种强势文化毫无例外地会导致其他异质文化的破坏甚至毁灭。

桑托斯认为:"在一个跨国社会和文化交往日益频繁的时代,文化上的封闭,充其量是一种虚伪的抱负,它秘而不宣地容忍并宽恕了这场掺杂着破坏、混乱而又无法控制的进程的发生。"[47]他补充说,将一种文化描绘成"不完整"是十足的霸权主义行径。[48]在美帝国的主导下,只有当一种文化接受了诸如民主和人权等西方价值理念时,才可以被称做是"完整"的。在这种情形下,一些非主流的文化希望获得"人类尊严"的夙愿便成了"不宜提及"的奢望了。

与帝国相容共生:平等、正义、尊严

在文章的最后一部分,我主要考察冷战后美国在世界范围内广建军事基地并不断诉诸武力和发动战争给人类造成的影响;继而,简要探讨帝国体制对美国政治、社会及经济的影响。通过上述考察,旨在突出帝国体制对于人类平等、正义、尊严的侵蚀。

下图显示了美国军事基地网络在全球的分布。

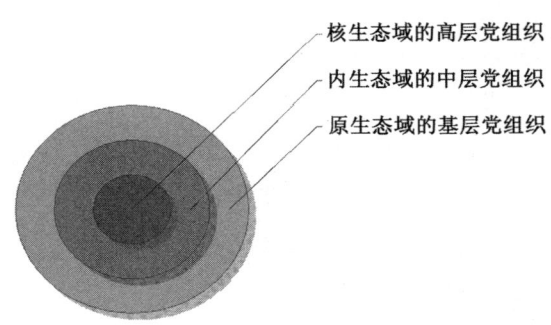

D. Vine, *Island of Shame: The Secret History of the U. S. Military Base on Diego Garcia*, Princeton, NJ, Princeton University Press, 2009, pp. 44 – 45.

人类历史上没有哪一个国家能够拥有数量如此之多的军事基地。除此之外，美国军方正在制定计划，将其军事基地扩展到外太空，以此作为其空间军事化战略的一部分。[49]根据官方数据，美国目前大约有超过19万军事人员和11.5万非军事雇员驻扎在全球909个军事部门；美国军方拥有或租用了79.5万英亩的土地和价值1 460亿美元的建筑设施。[50]而这些数字不包括近10年间在伊拉克和阿富汗的新建基地，以及在以色列、科威特和菲律宾建立的秘密军事设施。

如上所述，军事基地的建造并非新奇，但第二次世界大战后新军事基地在数量上的快速膨胀，以及冷战后出现的新一轮迅猛增长，不能不令人叹为观止。二战后，随着去殖民地化时代的到来，出现了一大批新兴的独立国家。美国国防部以"战略岛屿理念"为指导，为美国建立新的军事基地造势。[51]维恩（D. Vine）引述前国防部长副助理、空军副部长詹姆斯·布雷克（James Blaker）的话说，军事基地被用来"塑造他国个性"，共筑世界美好未来。[52]巴塞维奇认为，军事基地网络的主要目的是"向全球投放武力"。[53]在过去20年间，美国海外军事基地迅猛增加，与之相连的是，美国军事干预和各种规模的战争的增加。从1945年至1988年间，据巴塞维奇估计，美国参与了6次大规模军事干预；[54]而从1990年开始，共有19次干预行动。这些军事干预对正义、平等和尊严的破坏是不言而喻的。

纵使有充分的理由证明，这些军事基地是对东道国的经济恩赐，但它们同时也暗中损害了东道国的正义和尊严。军事基地的日常运作给东道国带来的恶劣影响，皆有据可查：战斗机噪音所引发的周边居民的健康问题、空气和水污染问题、士兵犯罪事件，尤其是强奸案的发生、其他各类人身攻击、谋杀以及车祸等事件。这些负面影响日益深重，导致越来越多的东道国频繁爆发反对美国军事基地的社会游行和抗议活动。例如，日本人反对美军在冲绳岛的军事基地的活动愈演愈烈，以至于该问题已经成为影响日本选举的一个关键问题。2007年，部分由于受到伊拉克战争的刺激和激励，一个反美军事基地网络在经过几次会议协商之后正式成立，目的是为了聚集和联络不同地区的类似的反美军基地的运动。[55]"废除外国军事基地国际网络"在北美、南美、新西兰、澳大利亚、韩国、日本、台湾、关岛、菲律宾以及泰国等国家和地区都发起了反军事基地运动。军事基地是军国主义外交政策得以实施的基础设施，而军国主义正是破坏世界和平与安全的罪魁祸首。

对东道国正义和尊严的最严重侵犯主要来自岛屿军事基地，主要体现为对当地人的搬迁。其中，最著名的例子是印度洋的迪戈加西亚岛（印度洋查戈斯群岛的主岛）。为了在此建立空军和海军基地，美国在20世纪60年代末从英国手中购买该岛，向英国支付了"该印度洋岛屿的行政派遣费用以及相关的购买费用"[56]。被驱逐的查戈斯人是印度洋查戈斯群岛的原住民，在此居住已有300年的历史。为了避免查戈斯人向联合国申诉其自治权，英国拟定了一个法律，假设"查戈斯群岛上的居民并非永久居民，或只是半永久居民"[57]。因此，将这些居民从迪戈加西亚岛迁出是完全可行的。形式上，美国让英国替自己干了卑鄙的勾当，这样，美国国防部便能够很自然地避免国会审查和民主监督。"战略性的人口迁移"作为帝国实现其军事目标的战略步骤，已经发生了几百年。如果说这一战略与美国所倡导的自由式民主、人权相违背的话，那我们也仅仅是说出了一个尽人皆知的事实。

最后，诸如约翰逊和巴塞维奇这样的爱国的美国学者，他们提出疑问：美国，作为拥有众多军事基地的帝国，正义、平等和尊严会在其社会和政治体制内部产生怎样的影响？约翰逊谈到"皇帝式总统"，而与之相伴的是，立法和司法等独立的民主角色开始萎缩。他认为：

> 不幸的是，我们的政治制度不再可能以我们所谙熟的那种方式挽救美国，因为我们很难想象，总统或国会能够与强大的五角大楼、秘密情报机构以及军工复合体的既得利益进行抗衡。考虑到40%的国防预算以及每一个情报机构的预算都是秘而不宣的，那么，即使国会议员有监督的意愿，国会也不可能对其行使有效的监督。[58]

约翰逊观察到这样一个现象，用于武器装备的资金要在尽可能多的州内进行分配，使任何有可能对军事采购合同投反对票的国会议员都会对其投票产生顾虑，因为他们所投的反对票有可能使他们因为自己所在选区或州的公民的失业而受到谴责。[59]巴塞维奇也探讨了美国教育投入所产生的影响，以及过度军费开支所引起的债务负担加重和对外依赖性的增强对美国在社会政策等方面的影响。[60]

结　语

在当代日益全球化的世界，存在着诸多因素能够促进或减弱我们对于平等、正义和尊严的追求。在全球化的背景下，新自由主义政策被认为是其中一个重要因素。然而，本文所阐述的主要观点是，历史悠久的具有"帝国"特性或与"帝国"概念紧密联系的人类统治传统，在当今社会仍然存在。全球化的快速发展为全球势力范围的延伸提供了各种可能。一些学者认为,二战结束后,一种以美国为首的军事帝国形式逐渐取得了统治地位。已有的证据表明,帝国的臣民往往就是那些遭遇不公正、不公平对待且鲜有尊严的人。我认为,当今的帝国在任何方面都与以往的帝国并无二致。

注释:

① Diana Brydon and William D. Coleman, "Globalization, Autonomy and Community", in Brydon and Coleman eds. , *Renegotiating Community: Interdisciplinary Perspectives, Global Contexts*, Vancouver, B. C. : University of British Columbia Press, 2008, p. 6.

② David Held, et al. , *Global Transformations: Politics, Economics and Culture*, Stanford, CA: Stanford University Press, 1999.

③ William D. Coleman, Stephen Streeter and John Weaver, "Introduction", in Streeter, Weaver and Coleman eds. , *Empires and Autonomy: Moments in the History of Globalization*, Vancouver, BC: University of British Columbia Press, 2009.

④ Manuel Castells, *The Rise of the Network Society*, 2nd ed. , Cambridge, MA: Blackwell Publishers, 1999.

⑤ N. Smith, *American Empire: Roosevelt's Geographer and the Prelude to Globalization*, Berkeley, CA: University of California Press, 2003, xiv, p. 31.

⑥ Ibid. , xiv.

⑦ Michael Hardt and Antonio Negri, *Empire*, Boston, MA: Harvard University Press, 2000, pp. 345 – 346.

⑧ Ibid. , p. 8.

⑨ Ibid. , p. 32.

⑩ Jan Aart Scholte, *Globalization: A Critical Introduction*, Second edition, London: Palgrave Macmillan, 2005.

⑪ John Tomlinson, *Globalization and Culture*, Chicago: University of Chicago Press, 1999.

⑫ Hardt and Negri, *Empire*, xii.

⑬ Ibid., xv – xvi.

⑭ Michael Hardt and Antonio Negri, *Multitude: War and Democracy in the Age of Empire*, New York: Penguin Press, 2004, xii.

⑮ Ibid.

⑯ Ibid., p.8.

⑰ Ulf Hedetoft, "Globalization and US Empire: Moments in the Forging of the Global Turn", in Streeter, Weaver and Coleman eds., *Empires and Autonomy: Moments in the History of Globalization*, Vancouver, BC: University of British Columbia Press, 2009.

⑱ Ibid., p.253.

⑲ Ibid., p.256.

⑳ Ibid., p.257.

㉑ Ibid., p.258.

㉒ Ibid., p.259.

㉓ Chalmers Johnson, *The Sorrows of Empire: Militarism, Secrecy, and the End of the Republic*, New York: Holt, 2004, p.23.

㉔ Ibid., pp.23 – 24.

㉕ Andrew J. Bacevich, *The New American Militarism: How Americans are Seduced by War*, New York: Oxford University Press, 2005, p.2.

㉖ Ibid., p.18.

㉗ Chalmers Johnson, *Nemesis: The Last Days of the American Republic*, New York: Holt, 2006, p.139.

㉘ Chalmers Johnson, *The Sorrows of Empire*, p.286.

㉙ Andrew J. Bacevich, *The New American Militarism*, p.18.

㉚ Chalmers Johnson, *The Sorrows of Empire*, p.24.

㉛ Ibid., p.124.

㉜ A. Stanger, *One Nation under Contract: The Outsourcing of American Power and the Future of Foreign Policy*, New Haven, CT: Yale University Press, 2009, pp.57 – 64.

㉝ Chalmers Johnson, *Nemesis: The Last Days of the American Republic*, p. 7.

㉞ Chalmers Johnson, *The Sorrows of Empire*, pp. 151 – 152.

㉟ Ibid., p. 152.

㊱ Andrew J. Bacevich, *The New American Militarism*, p. 19.

㊲ Andrew J. Bacevich, *The Limits of Power: The End of American Exceptionalism*, New York: Metropolitan Books, 2008, p. 141.

㊳ Chalmers Johnson, *Nemesis: The Last Days of the American Republic*, p. 156.

㊴ A. Stanger, *One Nation under Contract*, p. 48.

㊵ Ibid., p. 50.

㊶ Ibid., p. 52.

㊷ G. John Ikenberry, "Liberalism and Empire: Logics of Order in the American Unipolar Age", *Review of International Studies*, vol. 30 (2004), p. 611.

㊸ Ibid.

㊹ Ibid., p. 620.

㊺ Ibid.

㊻ Ibid., p. 630.

㊼ Boaventura de Sousa Santos, "Human Rights as an Emancipatory Script? Cultural and Political Conditions", Santos ed., *Another Knowledge is Possible: Beyond Northern Epistemologies*, London, UK: Verso, 2007, p. 25.

㊽ Ibid., p. 22.

㊾ D. Vine, *Island of Shame: The Secret History of the U. S. Military Base on Diego Garcia*, Princeton, NJ: Princeton University Press, 2009, p. 17.

㊿ C. Lutz, "Introduction: Bases, Empire and Global Response", in C. Lutz ed., *The Bases of Empire: The Global Struggle against US Military Posts*, New York: New York University Press, 2009, p. 1.

㉛ D. Vine, *Island of Shame*, pp. 41 – 42.

㉜ Ibid., p. 46.

㉝ Andrew J. Bacevich, *The New American Militarism*, p. 17.

㉞ Ibid., p. 19.

㉟ A. Yeo, "Not in Anyone's Backyard: The Emergence and Identity of a Transnational Anti – Base Network", *International Studies Quarterly* 53(3), 2009, pp. 571 – 594.

㊶ D. Vine, *Island of Shame*, p. 89.

㊷ Ibid., p. 92.

㊸ Chalmers Johnson, *Nemesis: The Last Days of the American Republic*, p. 9.

㊹ Ibid., p. 17.

㊺ Andrew J. Bacevich, *The Limits of Power*, p. 11.

11. 论转型国家的正义实现
——以巴基斯坦为例*

[巴基斯坦] 拉柯莎娜·喀布** 著
刘光毅 黄 河 译

巴基斯坦总面积约 80 万平方公里，人口超过 1.7 亿。全国共有 4 个大省、情况复杂的北方地区，以及沿阿富汗边境的部落地区。绵延数千里的印度从地理上将它分为东、西两个部分，因此在巴基斯坦实现正义绝非易事。巴基斯坦的创建，和所有的反殖民运动一样，都要求平等、公正地对待每一个个体，同时，巴基斯坦也和其他新兴国家一样，在制定可行宪法的道路上举步维艰。事实上，著名的《美利坚合众国宪法》，直到美国脱离英国获得独立 15 年之后，经过 10 项宪法修正案（即众所周知的《权利法案》）改革，才得以确立。不同的政权，尽管实现正义的方式各异，但它们都在不断地提高机构效率，从而确保本国公民的福祉。这一进程对于转型国家而言尤为复杂。巴基

---

* 本文译自 "Delivering Justice in Transitional State"，经授权发表，略有删节。

** [巴基斯坦] 拉柯莎娜·喀布（Rukhsana Qamber），来自巴基斯坦奎迪亚扎姆大学非洲和南北美洲研究中心。

斯坦的政治制度经历了从军事统治到民主制的转化，同时，该国还必须兼容不同的法律体系（传统法律、英国殖民法律、自由主义法律以及伊斯兰法律）。本文检视了公正、平等观念以及不同司法系统下的性别平等问题，还对当前巴基斯坦实现正义或更加正确地接受正义提供了最基本的依据。

巴基斯坦是最适合研究"正义实现"这一主题的地方。它是一个后殖民国家，由杰出的律师穆罕默德·阿里·真纳（Mohammed Ali Jinnah）在1947年建立。然而，1948年，真纳先生未能制定宪法就与世长辞。巴基斯坦曾受到许多问题的困扰，包括东、西两翼的地理差异、1958年的军事统治以及1971年因孟加拉国的建立而导致的国家分裂。1973年，巴基斯坦终于制定出可行的宪法，而那时，它已然经历了两个军事政权；尽管有这样一部宪法，巴基斯坦却再次陷入军事政权的统治之中（直至2008年结束）。巴基斯坦的四个军事政权都没有按照民主程序发布命令，随着时间的推移，正义体系的复杂性也与日俱增，最终在2009—2010年间引发了要求恢复正当司法程序的律师运动。

巴基斯坦的正义体系着实让人眼花缭乱。首先，存在着地方仲裁制度；其次，古老的土地管理和税收体系还在运转；再次，还有作为巴基斯坦现代法律体系基础的英国殖民法律。另外，从1947年开始，巴基斯坦的法律制度中吸纳了联合国认可的基本人权。上世纪80年代，伊斯兰教教法也开始生效。本文从传统的、现代的以及伊斯兰教的法律体系中提出正义实现的例子，并力图从正义的而不是政治的角度来讨论那些引发律师运动的基本问题。正如中国总理温家宝在2010年政府工作报告中所讲："我们所做的一切都是要让人民生活得更加幸福、更有尊严，让社会更加公正、更加和谐。"这句话在巴基斯坦民众中引起了共鸣。

一、正义的观念

巴基斯坦古老的正义观念有着地区差异，但一般都围绕着对立各方之间的仲裁而展开。尽管裁决形式不同，但都包含着集体参与，以便消除不和谐问题，维持社会稳定。在旁遮普省（Punjab，巴基斯坦最大的省，拥有全国60%的人口），仲裁的主要手段就是五人长老会（Panchyat）。而在北部的喀布尔-普赫图赫瓦省（Khyber-Pakhtunkhwa），与之相似的制度是族长会议（Jirga）。两者都是由权威人士组成的，类似美国的陪审团或拉丁美洲的军人统治集团。族长会议或五人长老会因特定的目的组建，在问题解决后解散。它们会尽力把对立双方带至乡村元老面前。在这种情况下，通常很难说谎或隐瞒证据，同样，对任何一方来讲，不接受裁决结果也很困难。由这样的陪审团作出的决定代表了该共同体的集体智慧。

除了族长会议制度，喀布尔-普赫图赫瓦省还实行一种名为"普什图瓦利"（Pakhtunwali）的法则，它以荣誉为基础，以好客、互惠以及共同体团结为准绳。族长会议或五人长老会有权力组建执法民兵，它被称作"拉什卡"（lashkar）。有人认为，拉什卡相当于美国县一级的执法民团（posse）。巴基斯坦和阿富汗的拉什卡是由地方政府集合起来应对紧急情况的市民团体。在英语中，美国的"民团"这一称谓源自16世纪后期出现的"地方治安维持队"（Posse comitatūs），17世纪中期简称为"民团"。族长会议或五人长老会的决定以及普什图瓦利法则都受到惩罚体系的保障，其中包括血腥复仇或法律强制，有时也采用一些象征性的方式，如没收家畜和庄稼、赶走居民后焚烧房屋、把脸涂黑、把鞋子挂在脖子上绕村庄游行，以及驱逐出村，等等。

与性别问题相关的正义观念包括嫁妆的陪送和接受、离婚权以及财产所有权制度，还包括继承制度。普什图族（Pashtun）和旁遮普族的陪嫁制度截然不同，旁遮普族遵循全球通行的方式，女方家长给新娘陪送物质财产，包括珠宝、财产、牲畜、金融债券等。而在普什图族，则是由新郎的家人为新娘准备嫁妆。根据伊斯兰法律，嫁妆不同于可继承的财产，换句话说，一名穆斯林妇女无论嫁妆多少，都有权分得父母的遗产。

伊斯兰教的婚姻是两个成年人订下的契约。巴基斯坦有一个正式的结婚表格，新郎、新娘都必须签字。签约仪式现场必须有两个证人，同时按照伊斯兰法律，新郎和新娘必须高声同意三次。婚姻合同必须在市政机关注册，否则无效。

然而，在许多农村地区，大家庭经常包办婚姻，他们认为这样做可以更好地支配财产。在这方面，最极端的例子发生在信德省（Sind），那里的一户人家将女子"嫁给"《古兰经》，这样他们的财产才不会外流或失控，这一非法行为已被完全禁止。在信德省和俾路支省（Balochistan）的瓦尼（wani）还存在另一种被称为"卡罗－卡里"（karo kari）的非伊斯兰式做法，家庭或部落会因女性不遵从包办婚姻或因女性自由恋爱而宣布她是一个不孝的卡罗（淫妇），将其处死。这些致力于维持现状的制度都由部落首领掌控，例如信德的瓦戴拉（Wadera），他更像一位封建领主而不是乔杜里（Chaudhry，旁遮普的村长）、普什图或俾路支的可汗（Khan，部落酋长）或北方村社首领（瓦力[wali]或米尔[mir]），也不同于拉丁美洲的考迪罗（Caudillo）。这些观念不能涵盖全部传统的正义内容，仅能提供正反两面的实例，它们都是巴基斯坦政府必须应对的，也是公民社会力图通过志愿者和非政府组织，通过提升民众的自觉来克服的。

除了家庭和部落，巴基斯坦还面临一个问题，即境内生活着相当一部分其他宗教徒，如基督徒、印度教徒、锡克教徒、佛教徒以及琐罗亚斯德教徒。伊斯兰法律常常被误读，这导致社会矛盾日益激化。独裁者在1980年制定的法律，其中大部分直到现在也没有作出一致同意的解读，再加上没有针对警察的适当的审核与制衡制度，所以在众多案件中，法律被曲解和滥用。

二、乡村地区的正义

下面谈谈与土地耕种相关的正义观念。解决税收或土地纠纷，需要具备土地所有制和税收制度等方面的充分知识。例如，共有的沙姆拉特（shamlaat）土地观念类似于墨西哥的村社（ejido）制度，以及许多国家的公用地。任何拥有马尔克阿特（malkiat，在英格兰称做"完全保有地产"）或在村中拥有土地的居民，都可以使用或耕种公共用地。村里的隆巴达尔（Lumbardar），即世袭的村长或征税官，为了征税会在他的登记簿上记录哪个人耕种了辖区内的哪块土地，他的主要任务就是保有、更新土地划分地图，规划其辖区内的村落，然后就是帕特瓦里（Patwari，税务部门中最低级官员）或低级的土地记录、管理人员开展具体工作。

帕特瓦里也保存噶达瓦尔（Gadwari）的耕种记录，尽管噶达瓦尔还是帕特瓦里的行政监督者。如果一个人连续10年使用、开发或改良沙姆拉特土地，那么不论记录如何合并或修改，他（她）都将得到那片土地的永久所有权。关于农业用地所有权的巨大争议，要求掌握那些有关更大规模土地的官方规定，如

"科外特"（khewet，个人的一揽子土地所有制）、"卡图尼"（khatuni，记录中的数量或指数），以及具体村落的"卡斯拉"（khasra，每片土地的实际数据）。

和巴基斯坦的"沙姆拉特"公用地制度相反，墨西哥的村社或者公共村落用地一般不会转为个人拥有。一个村民可能获得多年开发一片土地的权利，但那片土地仍属村子的永久财产，不得变为私有或者出售。村社制度在波菲里奥多·迪亚斯（Porfiriato Díaz）将军及其连襟曼纽埃尔·冈萨雷斯（Manuel González）统治的波菲里奥多时代（1876—1910）被废除。这是引发墨西哥革命（1910—1940）的主要原因之一。墨西哥人民继续争取土地改革直到拉萨罗·卡德纳斯（Lázaro Cárdenas）总统重新分配和限制农业用地的持有范围并恢复了村社制度才告一段落。墨西哥人习惯把1940年卡德纳斯的土地改革作为他们理解民主共产主义概念的基础。但是，现代生活的压力——在墨西哥与美国漫长的北部边境地区尤为严重——迫使墨西哥政府在1992年的宪法修订案中允许土地私有化。现在，甚至外国人都可以合法地占有和出售墨西哥的村社土地。

信德地区或印度（现被称为巴基斯坦）古老的土地保有制度，在莫卧儿帝国（1526—1857）时期得到了极大的发展。具体而言，是在莫卧儿皇帝法里德汗（Farid Khan）即舍尔·沙·苏里（Sher Shah Suri）的5年统治时期（1540—1545）。在改革军事制度的同时，舍尔·沙也建立起一整套行政机构，以相同的方式征税。村落的帕特瓦里（土地记录官）、隆巴达尔（税官）以及收税员柴明达尔（zamindar）等等，都是在舍尔·沙·苏里统治时期确立的。

莫卧儿帝国的正义体系在英国统治之前一直发挥效力，但在东印度公司影响下日渐式微，到1857年独立战争失败后衰亡。

英国的正义体系通过当时盛行英国的维多利亚女王时代的价值观而传播。阶级、等级以及性别等因素凸显，各种关系的调节受到它们的制约。例如，柴明达尔（Zamindar，波斯文的复合字，Zamin 指土地，dar 指主管，合起来意为土地主管）是莫卧儿时期的官员，履行着诸多司法、治安和军事职责。在莫卧儿时期，一名柴明达尔持有土地并可以将其传给后代，但他并不是土地的所有者。他拥有很高的社会地位，能够掌管名为"柴明达里·阿达拉特"（zamindari adalat）的普通法院，以罚金和馈赠等方式取得收入。柴明达尔以下是乔杜里或马立克（malik，村中长者），他们负责处理农村债务以及那些通过少量罚金就可处理的小问题（如盗窃等）。但是，在英国人统治之下，柴明达尔也成了拥有封建权力的土地所有者，很大一部分政府土地都落到这些帮助英国的人手里，他们被称做"札吉尔达尔"（jagirdar）。虽然巴基斯坦废除了柴明达尔和札吉尔达尔的司法以及征税权力，然而他们的封建地位事实上得以保留。

继续我们的历史之旅，当赞同真纳观点的印度穆斯林将巴基斯坦分离出大英帝国之后，它立刻取得联合国赋予的权利——所有居民的公民资格、同工同酬、普选权等等。但人们很快就发现，这些法律在新的国家难以实施。1961 年的穆斯林家庭法以及 1964 年成立的家庭法庭，是专门为妇女、儿童实现正义的最重要举措。它们改革那些业已废除的法律，即英国殖民时期颁布的 1939 年穆斯林婚姻法以及 1929 年儿童婚约束法案。值得注意的是，家庭法律是在穆罕默德·阿尤布·汗（Muhammed Ayub Khan）元帅的军事统治下颁布的。人们可以说，这些法律植根于愿意实施联合国所赋予的权利的西方自由传统之中。

佐勒菲卡尔·阿里·布托（Zulfikar Ali Bhutto）执政时期，毫无疑问是让巴基斯坦人意识到权利平等的最重要时期。布托的口号是"食物、衣服和住房",他成功地把这句口号推广到巴基斯坦最偏远的地方。布托时代(1971—1977)后,巴基斯坦人发生了极大改变。

1973年宪法是布托的另一大成就,得到了国内所有政党的认可。该宪法至今仍发挥作用,而18条宪法修正案在巴基斯坦最高法院则争议极大,人民期望恢复1973年宪法的原貌。但是,布托也对于宣布巴基斯坦为伊斯兰共和国以及颁布伊斯兰法律——即齐亚·哈克(Zia ul Haq)将军随后实施的伊斯兰教法——负有责任。

在齐亚统治的11年中,伊斯兰意识形态理事会负责将所有法律与伊斯兰教法协调一致。联邦伊斯兰教法法院成为在新伊斯兰法律下决定重大案件的最高机构。律师和法官除了获得法律学位并学习阿拉伯和伊斯兰法外,还要接受伊斯兰教法的培训,时至今日,他们还要获得这个证明。

伊斯兰法律在实现正义的同时,没有太多的繁文缛节,因此在巴基斯坦广受欢迎。它特别受到女性拥护,因为在孩子抚养、离婚以及婚约等问题上,女性比男性更受优待。但是,伊斯兰法律必须对制裁少数人的宗教亵渎法负有责任,这些法律曾在英国统治下实施过。伊斯兰的继承法也存在争议。

巴基斯坦可以被称为真正的转型国家,但是,21世纪世界发生的剧烈变化不仅仅与国防和财政问题相关,也与环境、生产体系、就业等问题紧密联系,任何一个国家都无法置身事外。换言之,今天可能只有少数国家才可以说自己不具有转型特征。所有国家都应当致力于以平等方式在国民中实现正义。尽管正义在许多社会中是模糊的,但问题是它是否正在黑暗中摸索前行。

三、正义的实现

简而言之，只有当人们意识到他们享有受各种法律法规保障的权利时，正义才能实现。教育是必需的，但它不是创造民法和伊斯兰法之权责意识的唯一手段。如前所述，口头宣传是培养这种意识的有效途径之一，佐勒菲卡尔·阿里·布托在他执政的6年间，极为有效地利用了这种方式。正义还通过"格拉民银行"（Grameen Bank，意为"农业银行"）以及贝娜齐尔·布托（Benazir Bhutto）的收入支持基金实现。那些以往不想要身份证的人（特别是妇女），现在都排着长队等待领取，因为要获得银行给予的每月5000卢比的家庭补助，身份证是必需的。在这种制度下，女性已意识到自身的经济权利，这也刺激着她们去了解其他权利，包括诉讼权。

巴基斯坦正义体系常常超负荷运转。伊斯兰堡地方法院每天处理案件的数量超过200件。要为如此多的民众实现正义几乎是不可能的。减少诉讼案件的一个方法，就是要求法官在案件诉诸公堂前判断它是否需要正式听证。

第二种为法院节约时间的方式是严格执行时间限制。地方法院驳回案件后，法官可仔细记录下诉讼当事人在低级法院驳回案件后再次递交所耽误的时间。这种时间限制通常是撤诉或驳回后的90天。换言之，在这样的情况下，高等法院支持其地方法院所作出的决定。这种方式既提高了司法效率，也突出了法律的角色，塑造和强化了一国民众对于司法体系的信心。

第三种方法是法院建立一个机制，防止当事人向两个法院同时提起诉讼。目前，法官很难发现当事人就同一案件向其他法院提起诉讼以便推翻之前法院作出的判决。当一个不服判决的当事人向更高级别法院提起诉讼时,低级法院可以相应停止司法程序。

第四种方法是,法院将联邦政府机构引起的服务性案件交给联邦服务法庭裁决。2007年以前,关于此类触及巴基斯坦宪法第212条的案件,很多当事人可以依据宪法第2A部分而诉诸联邦服务法庭。如今这些案件充斥于巴基斯坦法院,而法官却无权裁决公共服务方面的事务。替代方案就是通过公共服务方面的法律以及加强政府部门的管理来解决这些争端。要做到这一点,就要求政府的各种研究机构对管理人员进行定期培训,加强工作流程的规范性,同时让他们了解公共服务以及金融领域的法规。

判决难以执行已成为巴基斯坦正义体系的痼疾。司法人员在迅速实现正义的过程中发挥着核心作用。他们通知执行方,特别是政府机构,尽快解决当事人的问题,并要保证执行工作符合法官的判决。表面上看,这个程序有利于减轻法官压力以及帮助受害者实现正义。

《埃斯塔法典》(*Estacode*)是巴基斯坦行政部门的最高法,完全遵守巴基斯坦宪法。它的修改要在总理批准后以政府行政命令的形式进行。巴基斯坦政府每5年颁布一个新版的《埃斯塔法典》。中央及省级政府、公共组织或由巴基斯坦政府资助的机构,可以制定它们自己的规章、制度以及标准工作流程,但必须遵循巴基斯坦宪法和《埃斯塔法典》。

行政人员如果没有系统学习过《埃斯塔法典》,就会在工作中产生混乱。许多人习惯以部门规定为准则,但事实上,巴基斯坦所有的法规、制度以及标准工作流程都必须遵守宪法、《埃斯塔法典》以及伊斯兰法。必要时,可以到伊斯兰意识形态委员会和联邦伊斯兰教教法法院咨询。后者分布于拉合尔、卡拉奇、白沙瓦、奎塔等巴基斯坦所有的省会城市。也许是因为时代的需要，在巴基斯坦伊斯兰教教法设立后，女律师、女法官迅速增加。30年过去了，如今的法庭中，女性当事人、女律师早已司空见惯。通过这些现象，或许可以得出结论，巴基斯坦的司法系统内已经淡化了性别差异。

四、盲目的正义

巴基斯坦的正义观念和其他国家（如欧洲国家）相比，是有区别的，但归根结底都是为了实现正义。关键问题是，为巴基斯坦普通民众实现正义的程序存在什么问题？正义实现的速度如何？司法机关的工作效率怎么样？我们应当深究这些问题，因为问题的答案往往就是巴基斯坦正义体系饱受指责的原因。

正义的实现以及达成有效判决的过程中的第一个危险问题就是，很多事务没有经过权威机构的认定或备案。这种非正式的体系不能仅仅靠一个握手或承诺就可以运行，它通过委托书这种法律认可的方式发挥作用。

司法程序中的另一个问题是房产界定（尤其是城市房产的界定）。房产秩序一旦混乱，邻居便要投诉，而且这些投诉还要以书面形式提交。结果是很多人侵占了城市用地，而市政监管部门却对此置若罔闻。这种现象愈演愈烈，直到有人将此事告上法庭或是道路拓宽工程受到了影响，才引起司法的介入。这种土地纠纷的主要原因在于，狡诈的土地侵犯者往往是不友好的邻居，他们故意将界定土地的标志或者柱子挪动到另一个邻居那边。同时，税收部门则成了受益方，因为每次侵占就意味着再做一次资产界定，而其中产生的费用（或者贿赂）则落入税收人员的腰包。

正义实现的速度如何？收集资料的过程可能比较漫长，但是巴基斯坦司法程序放慢的根源在于，国民普遍把诉讼看做是向对手施加压力的策略。当事人、他们的律师以及法官都盼望当事态变僵时，其中一方会按捺不住，主动出来讲和，然后在法庭外私了。仅有一小部分人相信正义体系，却试图通过贿赂来加快诉讼程序，而其对手则通过不断要求案件重审或者举行新的听证会来拖延诉讼时间。一旦案件开始审理，将不会有消停的时候，而且听证会成了家常便饭。一个同时受理刑事和民事案件的法官，更倾向于在刑事案件（刑事案件的当事人要么坐牢，要么保释）而不是民事案件（审判的对象是财产）中下工夫。

司法机关的工作效率如何呢？工作人员需要花费时间整理卷宗，那些表面上由法官审结的案子，实际上仍然悬而未决。而当法官作出不利判决时，狡猾的当事人及其律师则向邻近法院提起新的诉讼。这些律师们可以轻而易举地从巴基斯坦的司法体系中赚得盆满钵满。

五、媒体和正义的实现

唤起公民权利意识，不仅仅依靠教育，还要依靠口头的、媒体的宣传。

在巴基斯坦，口头宣传最有效的途径是通过"委员会"这一独特方式。这是一种邻里间的会议，参加者通常是女性，成员之间彼此熟悉。它的运作方式如下：出于不同的目的（可能是她的丈夫打算买一件诸如家庭用品或家具珠宝一类的奢侈品），一群邻里决定集资。"委员会"成员愿意在一段时间后（通常是1到3年）清算各自的"银行"存款。她们也同意定期碰头（通常是1个月），来决定谁优先支配"委员会"基金中属于她自己的份额。"委员会"的基金以现金方式积累，并且绝不赚取利息；她们也可以因安全考虑而将钱存入常规银行。每月的"委员会"例会可以交流社区信息、筹划福利活动等等。总之，"委员会"是一种以资金为基础的传播公民权利的有效方式。

巴基斯坦的媒体形式多样，涉及面广，与大众的联系密切。报纸、电视、广播、手机短信以及互联网的应用都很广泛。政治漫画、讽刺性电视节目、短信笑话是巴基斯坦最受欢迎的信息传播形式。此外，书籍、杂志以及诗歌也是传播信息的有效途径。言论和出行自由是巴基斯坦的传统；在舍尔·沙·苏里统治时，莫卧儿帝国建立了庞大的公路及通信系统，这一传统得到进一步的强化。大篷车队和客栈招待游客、商人和邮差，照料他们的马匹。巡回表演者络绎不绝，用他们特有的方式有效地传递着公共信息。艺术和音乐在陶醉观众的同时，轻松便捷地将各种信息传播开。

媒体也可以操纵公共舆论，这一点在巴基斯坦经常受到民众的批评。信任媒体实质上意味着公民将他们的力量转交给新闻工作者，这种情况应当避免。此外，很多新闻报道以及视频都是加工过的，民众了解这一点，并且机智应对。例如，在印巴3次战争期间，巴基斯坦人先通过本国的官方广播和电视节目收听新闻，然后再从敌国那边收听消息，最后在看过英国广播公司马克·塔利（Mark Tully）的节目之后才下结论。如果有可能，巴基斯坦人也收听译成乌尔都语的美国之音和莫斯科广播电台的报道。一个见多识广的公民，一个了解司法概念不同方面和实现司法正义各种方式的人，在任何国家都是自由的最好捍卫者。

本文概述了巴基斯坦社会中部分流行的司法概念，罗列了一些实现司法正义的机制和措施，还找出了司法体系中的某些缺失，并相应地提出了解决问题的参考意见，以期在巴基斯坦实现司法正义，提高司法效率。此外，法律意识以及对正义体系的自觉可以保障正义的实现，而仅仅依靠国家是不够的。在巴基斯坦，通过"委员会"这一独特渠道来传播意识和信息往往非常有效；强化传统方式的作用，有助于提高公民的权利意识，实现正义。然而，飞速的城镇化以及日益增长的城乡移民已在很大程度上影响了传统的邻里关系。回归到传统的城市景象将有利于实现司法正义，增进社会和谐。

12. 构建当代生命尊严理论的新维度

肖 巍[*]

20世纪60年代诞生一门从伦理角度研究生命权利与尊严的新学科——生命伦理学。如今，这门学科已发展为一种国际性的"社会运动"（联合国教科文组织文献语），不仅与法律、公共政策、哲学、宗教、医学、经济和环保等领域密切相关，也远远超出学术范围，成为国际政治争端与公众关注的重要议题。本文力图结合当代政治与道德哲学，以及生命伦理学本身的新发展，借鉴美国当代女性主义政治学家南希·弗雷泽的三维公正观，在生命伦理视域内探讨构建当代生命尊严理论的新维度，提出当代生命尊严理论研究应当关注五大理论跨度，以期在相关实践中避免或减少由于忽视和践踏生命尊严而带来的风险和灾难。

南希·弗雷泽曾以三个维度来考察公正问题，在一个包括道德哲学、社会学和政治分析的理论框架内，提出一种经济、文化和政治互动的三维公正观。在她看来，当代政治文化的巨变要求人们在思考公正问题时具有四个观念上的转变：其一，

---

[*] 肖巍，清华大学哲学系教授。

作为社会斗争特殊轴心的阶级的去中心化。许多传统马克思主义者把社会压迫和不公正归结为阶级压迫，然而在弗雷泽看来，当代社会不仅有阶级斗争，也有身份的冲突，以及性、种族、宗教和性别之间的差异，因此，"批评理论家必须创造对于解构压迫和集体身份的新的后形而上学理解，它们能够阐明那些非阶级运动的斗争，以及那些继续把它们的热望连接在阶级语言之中的斗争。"① 其二，作为社会正义特殊维度的分配的去中心化。以往人们认为公正属于政治经济学范围，首要目的是可分物品，特别是收入和财富的公平配置。而在弗雷泽看来，这种突出经济分配的公正观并没有关注到身份和等级，以及政治劣势地位对于收入和财富分配的决定性影响。她要求人们放弃经济主义观点，创造对于公正的新的多维度理解，既要为争取再分配而斗争，也要为争取承认和代表权而斗争。其三，单一民族公正观的去中心化。自法国革命以来，各国对于公正的追求都限于自己领土内的政治共同体，忽视了国际社会的不公正，如全球贫困和环境种族主义。而三维公正观强调对当代国际社会的各种不公正进行全方位思考和批评。其四，在后冷战时期，全球对于"理想"社会的追求呈现出一种去中心的、碎片化的、缺乏唯一性理念的局面，因而"我们必须创造一个新的、正义的社会的全面愿景——一个将分配正义、身份平等和在每一层面的治理中广泛的民主参与相结合的愿景。"② 由此可见，弗雷泽的公正观在强调经济方面公正分配的同时，引入身份、政治代表权、民主参与和全球公正的视角，不仅要求人们尊重身份差异，追求种族、阶级、性别和社会地位的平等，也呼唤人们对于以往被误构的"公正"理论进行反思和批评。

因而，弗雷泽公正观的理论框架是再分配、承认③和代表权，并以此形成一种经济、文化和政治三维互动的结构，这一结构也可以简化为三种公正诉求:"社会—经济再分配的诉求、法律或文化承认的诉求,以及政治代表权的诉求。因此,在跨国生产、全球金融、新自由主义贸易以及投资王国之后,再分配诉求日益侵入中心逻辑的边界以及辩论的舞台。同样,假定跨国移民与全球媒体流动的存在,那么曾经是遥远的'他者'的承认诉求就需要一种新的亲近,从而使得文化价值被认为是理所当然的视野发生动摇。最后,在受到质疑的超级强权霸权、全球治理以及跨国政治的时代,代表权诉求日益打破了先前的现代领土国家的框架。"④事实上,在这种三维公正结构中,每一维度都关乎一种权力/权利再分配的秩序,正是在这种秩序的分裂与整合、打破与重构中形成或稳定、或动荡、或平衡、或失衡的社会公正/不公正的社会制度,以及平衡或失衡的国际社会格局。依据弗雷泽的公正观,任何社会公正/不公正形成的根源都不是单方的,而是三方共同互动的结果,因而对于社会公正和公正社会制度的建构也必须基于这种互动。弗雷泽也提出"规范公正"与"反规范公正"概念⑤,认为当代公正的语境体现出"反规范性"特征,她也试图通过对于这一特征的分析说明当今社会在公正问题上关于"什么"、"谁",以及"怎样"的争端,并积极探讨解决争端的途径和方案。

在建构当代生命尊严理论时,弗雷泽的三维公正观提醒人们联系不同个体、不同群体、不同民族的经济地位、身份、政治要求,代表权和全球公正,在经济、文化和政治的三维互动中构建生命尊严理论。这一理论的前提是关注和承认各种社会差异,例如人们在经济社会地位、种族、阶级、性别、性倾向以及地域等方面的差异,在尊重差异中追求平等和公正,尊重生命的权利与尊严,这些理念与后现代主义哲学家列维纳斯关于"'差异'是任何生存条件应当拥有的生存条件本身"的观点不谋而合。从这种三维公正观出发,本文探索性地主张在建构当代生命尊严理论的过程中,应当关注五大理论跨度——从分配、承认到代表权;从 equity 到 equality;从尊重"自主性"到"尊重人",从本民族到全球公正,以及从医疗到人口生命伦理。

一、从分配、承认到代表权

在弗雷泽看来,社会的阶级结构与公正的经济维度相吻合,社会身份秩序与公正的文化秩序相吻合,而公正的"政治维度规定了其他维度的范围:它告诉我们谁被算做有资格参加公正分配与相互承认的成员圈子之内,谁被排斥在外。由于建立了决策规则,政治维度也为提供舞台和解决经济与文化维度上所展开的争论,设立了程序:它不仅告诉我们谁能够提出再分配的诉求,而且也告诉我们这些诉求是如何被争论和被裁决的。"⑥因而,政治维度主要与代表权相关,而就政治边界设置而言,代表权是社会归属问题,从这一意义上说,公正最一般的含义是参与平等,它需要社会安排,允许所有人以平等的身份参与到社会中去,而不公正意味着制造制度障碍,使一些人无法具有与其他人平等的身份。"任何正义都不可能回避预设某种代表权观念,所以,代表权通常是所有有关再分配和承认诉求所固有的。政治维度暗含于正义概念的语法之中,而且它的确是为正义概念的逻辑所需要的。所以我们在这里说,没有代表权,就没有再分配或承认。"⑦弗雷泽的这些观点对于建构当代生命尊严理论的意义在于:其一,在公正的经济、文化和政治维度中,政治维度更为根本,因为它为其他维度规定了范围和设立了程序。其二,政治维度的意义在于设定一个边界,说明什么人有资格加入公正分配和相互承认,设计政治理念和建构社会制度的圈子。其三,政治维度的关键是代表权与社会归属问题,没有代表权,便没有再分配和承认。其四,从三维公正观出发,公正植根于政治经济学的经济维度,而不公正是分配不公或等级不平等;同时,公正也植根于身份秩序的文化维度,而不公正是错误承认或身份等级制,此外,公正也植根于社会政治维度,而不公正是错误代表权和政治失语。总而言之,社会不公正主要是由于制度障碍,或者错误承认和代表权所导致的。其五,公正及其政治维度都是建构性的,而解决社会不公正问题需要所有人的平等参与和社会制度安排,对话与民主协商,对于民族和国际社会公正来说都是如此。

二、从 equity 到 equality

弗雷泽认为,从政治经济学着眼的单一经济分配公正观似乎并没有关注到身份错误承认和等级制,以及政治上劣势和错误代表权对于收入和财富分配的决定性影响。她要求人们放弃经济主义观点,创造对于新的多维度公正的理解,既要为争取再分配而斗争,也要为承认和代表权而斗争。这一观念启示我们在建构生命尊严理论时,要关注从 equity 到 equality 的理论跨度。一般说来,"公正"与"平等"是同义词,而公正关系到社会利益和负担的分配。"正义的概念就是由它的原则在分配权利和义务、决定社会利益的适当划分方面的作用所确定的。"[8]从分配意义上说,公正意指"应得的赏罚"(desert)。几乎所有公正观都有一个最低原则:平等意味着被平等地对待,而不平等便是被不平等地对待。然而,从三维公正观出发,在思考生命尊严理论过程中,我们应当注意到公正与平等的追求之间存在着秩序前后,以及理想与现实、手段与目的之间的差异。英语中有两个词：equality 与 equity，分析起来，它们的伦理价值承载并不相同。equality 意味着平等，例如政府每月要给每一个人都发放 100 元的医疗补助费，而无论其社会地位、经济状况、性别和年龄如何，这是一种"均等式"的平等，相当于 equality。而 equity 的含义却不同，它意味着"公平"和"公正"，因为每一个人的社会地位、经济状况和健康状况不同，对于医疗卫生服务需要的起点也不同。理想地说来，每一个人都应当根据各自需要得到自己的医疗卫生服务，不同人所得到的资助是有差异的，这一理念并不意味着让富人变穷，而是要改善社会地位不利的群体的健康状况。在这里，equity 相当于罗尔斯的第二个公正原则——差异原则。尽管当我们实行这一原则时，很可能意味着对于一些财富群体的某种不平等，但这种不平等却在道德上是可以接受的。毫无疑问，这一原则的实现需要社会制度与政策的调节，而这种制度和政策本身也受制于一种伦理价值观，取决于我们是否承认不同群体的身份，以及他们是否在政治上有代表权。避免身份承认和代表权方面的误构（misframing）是 equity 和 equality 实现的前提条件。任何社会都应当能够公平地分配医疗保健资源与负担，而不是由社会边缘人群和弱势群体来承担更大的不健康和疾病风险。因而，"对于健康公平性评价来说的一个根本问题是，如何确定在健康方面哪一种社会不平等是不公平的，并进而构成了制度上的不公平。"⑨具体说来，以当前中国医疗卫生资源的配置为例，三维公正观要求实现从 equity 到 equality 的过渡，关注和承认各种社会差异，在尊重差异中追求平等和公正，实现生命权利与尊严平等。在市场经济条件下，医药费上涨幅度非常之快，看病难、看病贵已经成为一个严重的社会问题。2000 年，世界卫生组织对 191 个会员国卫生系统的公平性进行评估，中国被排在 188 位。从 1980 年到

2004年，中国卫生总费用由143亿元增加到7590亿元，其中，居民个人负担的比重，由21%增加到53.06%。毫无疑问，这使得许多贫困人口根本支付不起昂贵的医疗费用。[⑩] 2009年3月，中共中央国务院出台《关于深化医药卫生体制改革的意见》，要求医改要贯穿公共医疗卫生公益性的主线，并且针对全国还有两亿多人口没有被基本医疗保障制度所覆盖的现状，提出医保广覆盖，筑牢底线，以及公共健康服务均等化的方针。然而，目前我国医疗卫生服务依旧坚持以政府主导的多元卫生投入，基本医疗服务由政府、社会和个人三方分担的社会机制，由于我国社会城乡、地域和贫富差异的存在，医疗卫生资源分配不公正的局面依旧存在。因而，在当前医疗体制改革中，追求equity比追求equality更为可行，更为现实，或者说，可以把equity作为实现equality理想的一种方法或途径。追求equity意味着在差异中寻求公正，关注到社会中处于最不利地位的群体，只有从社会最边缘、最薄弱的地带突破才能使人口普遍受益，达到相对公正，尽快实现"初级卫生保健"和"人人享有卫生保健"的目标，减少和遏制因病致贫和返贫的现象[⑪]，通过经济再分配、身份承认和政治代表权来提升发展中国家中每一弱势群体和个体生命的尊严。

三、从尊重"自主性"到"尊重人"

弗雷泽的理论不仅提醒人们联系不同个体、不同群体、不同民族的身份、政治上被承认的要求、代表权，审视和建构当今生命尊严理论，也对在当代生命伦理学发展中正在出现的从尊重"自主性"到尊重"人"的转变趋势提供理论支持，这一趋势要求我们批评以"尊重生命尊严"为名对于他人生命权利和尊严的误构和漠视。

生命伦理学的核心原则是尊重自主性原则,它根源于强调个人自由与选择的自由主义道德哲学传统。依据这一传统,个人自由关系到他的自我支配,作为一种个人自由的行为形式,它要求个人按照自己的意愿和选择来决定行为的过程。自主性有两个要素:要求人们有能力思考行为计划,并有能力把计划付诸现实。"尊重有自主性的人意味着适当地承认这个人的能力和观点,包括承认他/她持有某些看法的权利,承认他作出某些选择、根据自己的价值观和信仰从事某些行为的权利。"[12]然而,许多学者都发现,在当代社会背景下,尊重自主性原则常常面临各种不同的困境。例如美国生命伦理学家乔治·阿亘奇(George·J. Agich)认为,主流的自由主义"自主性"理论无法解决对老龄病人长期护理中的"自主性"困境,以及自主性证明(justification)问题,因为这一原则仅强调一个在理性上胜任的人能够作出最有利于自己的决定,而没有具体考虑到老龄病人的实际状况,例如他们的衰老、孤独、冲突和怀疑等。因而,人们应当重新理解"自主性"问题,集中思考具体的、现实的,而非抽象的自主性,要求人们思考老年病人的社会地位与身份,宗教信仰与种族及性别的差异,从他们的情感倾向和一个人整体而复杂的意义上把握病人的整个人生,只有这种基于某种性情的、综合而复杂意义上的自主性才能让人享有一种统一的、有序的生命,从基本价值的自我冲突中解放出来。另一些生命伦理学家,如迈克尔·巴里兰(Michael Barilan)和莫舍·温特劳布(Moshe Weintraub)等人也强调尊重"自主性"意味着尊重任何人的自主性——只要他是一个基于决定能力和法律地位的权力承担者,而不是尊重个体患者作为一个独特的人的自主性。然而,每一个人都具体地生活在特定情境中,同时,人也并非仅仅意味着一种能力。而且,人们能够在尊重人的自主性的同时不尊重人,例如在以尊重自主性为名不作为的情况下便是如此。面对这些困境,当代生命伦理学发展提出要实现从尊重"自主性"到"尊重人"的转变。这一要求也可以从三维公正观中获得理论支持。依据三维公正观,人们应当更多地思考生命尊严,而不是抽象原则问题,同时也应意识到,每位患者都构成一个特殊的世界,以及与这一世界的独特联系,尊重人意味着尊重患者的世界、差异、关系,以及特有的信念与生活方式,以及在充分理解患者基础上的交流和沟通。

四、从本民族到全球公正

弗雷泽也看到,自法国革命以来,各国对于公正的追求都限于自己领土内有限的政治共同体,忽视了国际社会的不公正,如全球贫困和环境种族主义。而三维公正观要求单一国家公正观的去中心化,为建立一种全球公正的伦理秩序而努力,在生命尊严问题上,任何国家都无权把它国视为实现自身目的的手段。然而,当今国际社会里,一些发达国家试图把自身当成目的,而把发展中国家,尤其是这些国家中的贫困人口当成实现自身目的之手段,漠视他者的生命尊严,这种现象在环境健康和新医疗与药物研发方面尤为突出。以全球环境公正为例,目前突出的问题是发达国家与发展中国家人均占有环境资源的极度不公正。西方社会的工业化发展不仅导致全球不断增长的环境影响和灾难,而且一些发达国家对于环境资源的需求已经远远超过了本土的承受能力,例如荷兰人要维持现有的生活方式,国土面积需要扩张15倍。据估算,高收入国家人均需要占有地球表面大约4—9公顷来提供物质生活资料和吸收废物,而印度却每人只靠 1 公顷土地来过活。[13]因而，全球环境公正要求人们思考复杂的问题，例如人口过剩、森林砍伐、沙漠化、贫困、经济上的不平等和不发达、核试验，战争对于环境的影响、全球环境变化以及世界范围内的人权斗争交织在一起。[14]而全球环境公正要求"无论年龄、人种、性别、健康状况、社会阶级和种族，为所有人提供充分保护，使其免受环境毒物的伤害"[15]，公正地分配环境的资源与负担。再以新医疗与药物研发中的"人体实验"为例，由于各国社会政治经济发展的不平衡，以及巨大的贫富差距，在当今国际格局中，存在着发展中国家的贫困和弱势群体成为发达国家医疗和药物发展的"实验豚鼠"的现象。据《印度时报》2008 年 8 月 18 日报道，印度医学科学院的药品临床试验，两年半来共造成 49 名 1 岁以下的婴儿死亡，这在印度引起很大的争议。印度医学科学院方面承认，从 2006 年 1 月 1 日起，该院儿科就对 4142 名婴幼儿进行临床药品试验，其中 2728 名是不到 1 岁的婴儿，死亡率达 1.18%，导致婴儿死亡的主要是 5 种国外制造的临床试验药品。[16]此外还有报道称，印度进行药物临床试验的费用低廉，仅为发达国家所需费用的 20%—60%，2007 年印度进行临床试验的新药种类多达 139 种，已经取代中国成为亚洲地区最受欢迎的药物实验场所。这就要求国际研究伦理学领域讨论在发达与发展中国家之间，在贫富人口之间进行药物临床试验的风险与利益的公正分配问题。三维公正观要求人们超出本民族范围来思考生命尊严问题，面对在人体实验中死亡的婴儿，人们始终可以提出"让这些婴幼儿参加临床药物试验本身是否合乎伦理道德"的问题。而且，生命伦理学的四个经典原则——公正原则（principle of justice）、尊重自主性原则（principle of respect for autonomy）、不伤害原则（principle of nonmaleficence）和仁慈原则（principle of beneficence）如今也超越国界成为全球伦理原则，而"己所不欲，勿施于人"应当在全球范围内成为一个尊重生命尊严的底线原则。

五、从医疗到人口生命伦理

弗雷泽的三维公正观也要求人们看到，生命的尊严既是个体的，又是群体和社会的。人口的健康，公众的健康，以及全球公共健康是生命有价值和尊严的标志，而这一目标的实现需要把对于全球公共健康的"理想"追求整合起来，要求在分配公正、身份平等和在每一层面、每一民族、乃至全球健康治理中的广泛民主参与，换一种思路来理解生命伦理学的发展方向。根据哈佛大学公共健康学院丹尼尔·维克勒教授的观点，生命伦理学研究可以分为两个层面——医疗层面和人口层面的生命伦理学研究，前者侧重于研究在临床医学实践中产生的伦理困惑，后者则侧重于研究公共健康领域出现的伦理问题，亦可以称为公共健康伦理研究。在他看来，这两者有五个不同点：（1）前者重点在于健康保健，主要讨论医生应当或者不应当做什么，而后者集中于讨论**健康**。（2）前者侧重于研究健康的医学决定因素，例如研究高血压患者的既往病史和家族病史，并据此作出关于健康的医学判断。而后者则侧重于研究影响人们健康的**社会决定因素**，例如人们的社会经济地位，环境和工作场所的条件，以及社会排斥对于健康的影响，等等。（3）前者局限于国家和地区范围之内，而后者则关注全球健康，例如探讨当今世界哪一个国家或地区健康负担最重的问题。（4）前者侧重于解决今天的问题，而后者则关注今天、明天以及遥远未来问题的解决，并在这三个时间维度中进行价值权衡。（5）前者的核心价值观关系到医德以及病人权利问题，而后者的核心价值观则涉及增进福利和社会公正问题。[17]因而,"公共健康伦理并非一个简单的问题,反映出健康保健专业人士、普遍公民、代表他们的社群,以及自称公共健康伦理学家的人们在公共健康领域本身发现的多重维度和不同的相互联结。"[18]应当说,生命伦理学对于公共健康的关注并不是偶然的,它首先来自对于现代伦理个人主义极端发展的一种反叛和纠正。以往的生命伦理过多地关注个体或医患关系,强调个体权利的实现和生命的尊严,而没有从群体角度上看到作为社会的成员,每一个公民也有责任和义务捍卫和保护社会与群体的健康和安全,尊重他人的生命尊严,没有对于公众和他人生命权利和尊严的尊重,就没有个体生命权利的获得。按照康德对于尊严的理解,尊严来自人的理性自律,一方面,一个社会首先要尊重每一个人的尊严,禁止国家把任何个体当成其他目的的手段来支配,即便是为了拯救另外一些人生命的目的,也是如此。另一方面,当个体与群体生命尊严发生冲突时,解决问题的途径也是理性者的自律,因为"责任的戒律越是崇高,内在尊严越是昭著",而"人,每一个在道德上有价值的人,都要有所承担,没有任何承担,不负任何责任的东西,不是人而是物件。"[19]出于内在尊严,个体的人应当对群体负责和尽义务,而为了公共利益作出某种自我牺牲恰好不仅体现出个体对于他人生命尊严的尊重,也维护了自我的内在尊严。

总之,弗雷泽的三维公正观让我们清醒地意识到,任何社会公正/不公正形成的根源都不是单方的,而是三方共同作用的结果,因而对于社会公正和公正社会制度的建构也必须思考经济、文化与政治的三方互动。在建构生命尊严理论时,这一公正观不仅提倡一种宏观的全方位动态的思考方式,也强调一种从微观到宏观的可行的操作模式。面对人类社会所面临的各种风险和灾难,生命尊严问题已经以一种前所未有的力量把人类社会联结在一起。To be or not to be,可以说,人类的未来取决于我们今天对待生命尊严所持的态度。

注释:

① [美]南茜·弗雷泽:《正义的尺度——全球化世界中政治空间的再认识》,欧阳英译,上海人民出版社2009年版,第3页。

② 同上书,第4页。

③ 承认是当代道德与政治哲学批判理论中的一个概念,意指不同个体、不同群体,以及个体与群体之间的相互认可和平等相待,这一概念建立在发现与尊重差异的基础上。

④ [美]南茜·弗雷泽:《正义的尺度——全球化世界中政治空间的再认识》,欧阳英译,上海人民出版社2009年版,第59—60页。

⑤ 在弗雷泽看来,"规范公正"指的是在关于公正的辩护中,总是存在一系列给定的构成性假设所规定的边界,每一个参与者都分享着每一项假设。例如对于公正的诉求存在着共享关于有资格提出诉求的多种行动者,以及解决问题的代理型机构,也共享关于范围的假设,规定对话者的圈子,划分出利益与利害关系共享的范围。同时,也共享关于空间和社会分层的假设等。而"反规范公正"则对这些设定持怀疑态度,认为这些假设是建立在对于不赞成主流者进行压抑或边缘化的基础上。这表现在对关于公正的三个关键点存在争议:即在关于公正是"什么","谁"的公正,以及"怎样"达到公正(程序)理解上是缺乏共识的。

⑥ [美]南茜·弗雷泽:《正义的尺度——全球化世界中政治空间的再认识》,欧阳英译,上海人民出版社2009年版,第17页。

⑦ 同上书,第21页。

⑧ [美]约翰·罗尔斯:《正义论》,何怀宏等译,中国社会科学出版社1988年版,第8页。

⑨ Timothy Evans etc., *Challenging Inequities in Health*: *From Ethics to Action*, Oxford University Press, 2001, p. 28.

⑩《卫生部部长高强撰文谈医改解答四个"什么"》，载《医院领导决策参考》，2006年第3期，第10页。

⑪ 世界银行《2000年—2001年度》报告指出："贫困不仅意味着低收入、低消费，而且也意味缺少受教育的机会，营养不良，健康状况差。贫困意味着没有发言权和恐惧等。"联合国开发计划署《人类发展报告》和《贫困报告》中指出：人类贫困指的是缺少人类发展最基本的机会和选择——长寿、健康、体面的生活、自由、社会地位，自尊和他人的尊重。消除贫困不仅仅是增加收入，改善教育和卫生条件在消除贫困中也拥有重要的意义。

⑫ Tom L. Beauchamp, LeRoy Walters, *Contemporary Issues in Bioethics* 5th edition, Wadsworth Publishing Company, 1999, p. 19.

⑬ Robert Beaglehole ed., *Global Public Health: a new era*, Oxford University Press, 2004, p. 17.

⑭ Steven S. Coughlin, *Ethics in Epidemiology and Public Health Practice*, Quill Publications, p. 135.

⑮ Steven S. Coughlin, *Ethics in Epidemiology and Public Health Practice*, Quill Publications, p. 134.

⑯ 王磊：《印度婴儿死于药品试验引争议》，载《环球时报》，2008年8月19日。

⑰ 引自丹尼尔·维克勒（Daniel Wikler）2007年11月在南京东南大学召开的"南京生命伦理学暨老年生命伦理国际会议"上的发言。

⑱ Douglas L. Weed and Robert E. McKeown, Science and Social Responsibility in Public Health, *Environmental Health Perspectives*, Volume 111, Number 14, November 2003, p. 1804.

⑲ 伊曼努尔·康德：《道德形而上学原理》，苗力田译，上海世纪出版集团2007年版，第7—8页。

13. 分配正义：从弱势群体的观点看

姚大志*

无论对于理论研究还是现实生活，"正义"目前在中国都是一个关键词。从理论方面看，近年来正义一直是国内学术研究的热点，哲学、政治学、法学、经济学和社会学都非常关注社会正义问题。从现实生活看，近年来中国社会所要达到的目标有了明显的变化，从比较单纯的经济发展转变为和谐社会的建立，从强调效率转变为公平和正义。理论和实践之间存在着密切的联系：要建立和谐社会，就必须实现社会正义。

要实现社会正义，关键在于解决分配正义的问题。改革开放以来，中国经济迅速发展，人民生活水平不断提高，但是目前仍然有相当一部分人处于贫困的状态，他们很少甚至没有分享到改革开放的丰硕成果。就分配正义来说，当前急需解决的问题是严重的不平等，贫富差距过大。要解决这些难题，一种分配正义理论必须回答两个关键问题：首先，什么样的分配是正义的？其次，分配正义的原则是什么？本文试图探索一条思路，即从弱势群体的观点来看待和回答它们。

---

* 姚大志，吉林大学哲学社会学院教授。

一、什么样的分配是正义的？

在分配正义问题上，人们抱有两个基本目的，一个是应该得到平等的对待，另外一个是希望自己的福利能够得到不断改善。从道德的观点看，人是平等的，每个人都应该得到平等的对待。因为每个人都应该得到平等的对待，所以人们也希望在财富、机会和资源的分配中得到大体上平等的份额。同时，人们也都关心自己的利益，希望不断改善自己的处境，提高自己的生活水平，过一种更加幸福的生活。

这两个目的都是合理的，然而它们却是相互冲突的。基于平等的对待，一个人希望拥有同其他人大体上相同的财富（其中包括收入）。但是，如果一个人确信自己无论如何都能够得到同其他人一样多的收入，那么他就失去了为更多收入而努力工作的动机。如果很多人都失去了这样的动机，从而不能有效增加社会财富，那么人们的福利也无法得到改善。另一方面，基于福利的不断改善，每个人都应该努力工作，以增加可供分配的财富、机会和资源。在目前的社会条件下，要增加可供分配的财富、机会和资源，就需要给人们提供物质刺激，以鼓励他们更加努力工作。如果人们的收入与其工作效益是挂钩的，那么他们的收入就会不平等，而且也有可能这种不平等是非常严重的。

分配正义是社会以制度的方式来分配收入、机会和各种资源。虽然分配正义同每个人都有关，但是它既不需要也不可能考虑和跟踪每个人的福利状况。因此，分配正义关注的对象不是个人，而是群体。就当前中国社会来说，分配正义所试图解决的问题是不平等，但不是某个人与另外一个人之间的不平等，而是一个社会群体与另外一个社会群体之间的不平等。

　　基于生活状况的差别，我们可以把所有社会成员分为不同的群体，如"富裕群体"、"中间群体"和"弱势群体"等等。为了使我们的讨论更加清晰和明确，我们应该给出一个对"弱势群体"的定义。我们是这样来界定弱势群体的：**它的成员对福利持有最少的合理期望**。所谓"福利"是指每一个成员所分享的收入、机会和资源。我们用来界定群体的东西是对福利的"合理期望"。它是对福利的期望，而不是所享有的福利，因为同一群体的成员对福利的合理期望应该是一样的，尽管同一群体的不同成员所实际享有的福利则可能是不一样的。这种对福利的期望是"合理的"，而一个成员基于自己的社会地位而拥有的期望是合理的。

　　分配正义的实质是社会通过正义的制度和政策来分配收入、机会和各种资源，以帮助那些迫切需要社会正义来帮助的人。谁是最需要社会正义来帮助的人？我们凭直觉就确切知道，弱势群体的成员是最需要社会正义帮助的人。他们的收入最低，工作最不稳定，拥有最少的社会保障，生活非常贫困，对福利拥有最低的期望。在各级各类政府机构中，他们缺少自己的代表。在各种媒体和舆论平台上，也很少有人代表他们的利益讲话。也就是说，社会不公平严重地体现在弱势群体身上。

　　如果社会不公平集中体现在弱势群体身上，那么弱势群体就为我们思考如何解决分配正义的问题提供了一个观察点。我们说过，在分配正义问题上，人们抱有两个基本目的，一个是应该得到平等的对待，另外一个是希望自己的福利能够得到不断改善。一个社会能够同时实现平等和提高福利水平，这是最理想的情况。但是，在通常情况下，平等的要求与福利的要求是冲突的。基于福利的要求，我们应该最大程度地提高人们的福利水平（按照总和或人均计算），即使这会导致不平等。基于平等的要求，我们应该在分配中把平等放在第一位，即使这会妨碍福利水平的提高。如果福利的要求和平等的要求是冲突的，那么我们把哪一种要求置于优先的地位？从弱势群体的观点看，如果两者发生了冲突，那么平等的要求优先于福利的要求。

　　弱势群体主张平等的优先性，这不成问题。问题在于，主张平等优先的理由是什么？我们认为，这种平等的优先性基于两个主要理由。首先，弱势群体的成员应该得到平等的对待。如果现实社会存在严重的不平等，那么这意味着处于不利地位的人们没有得到平等的对待。如果一个社会有能力使所有人都过上体面的生活，而相当一部分人却没有过上体面的生活，那么这些处境困难的人们就受到了伤害。不平等对弱势群体的成员伤害最大，使他们具有低人一等的感觉。其次，由于弱势群体所享有的福利水平是最低的，通常处于困难的生活境地，所以他们有充分的理由要求改善自己的处境，提高自己的福利水平。对于弱势群体，平等的要求往往蕴含了福利的要求，缩小贫富差别包含了穷人福利的提高。弱势群体成员的贫困处境使他们有理由提出平等的要求。也就是说，从弱势群体的观点看，一种正义的分配应该是平等主义的。

　　迄今为止，我们的推理得出了一个结论，即一种正义的分配应该是平等主义的。但是这个结论存在某些问题：我们从弱势群体的观点推出了这个结论，而这种推理的基础是弱势群体的利益。基于自身的利益，弱势群体的成员赞同平等主义的分配。然而，对于政治哲学的推理来说，群体的利益不是一个好的理由。一个群体基于自己利益提出的主张是无法使其他群体信服的。我们不能说，因为这个分配方案符合"我们"的利益，所以"你们"都应该服从它。如果我们赞成分配的平等主义，那么必须出示更好的道德理由，而这种道德理由是任何群体都能够接受的。

现在我们来思考支持平等主义的道德理由是什么。"一种正义的分配应该是平等主义的"，这种主张所针对的东西是不平等，它意味着"一种不平等的分配是不正义的"。如果我们能够从道德上说明"一种不平等的分配为什么是不正义的"，那么这也就是从否定的方面证明平等主义的道德理由。

让我们提出一个问题：导致不平等的原因是什么？虽然导致不平等的原因很多，但我们可以大体上把它们分为三类。一类是社会条件或家庭出身，例如在中国，与出生于贫困农村的人们相比，一个出生在大城市的人通常拥有更多的收入和更好的社会处境。另外一类是自然天赋，有些人天生聪明或健壮，有些人则天生愚笨或孱弱，前者一般也会比后者拥有更多的收入并处于更好的状况。最后一类是抱负和努力程度，在其他条件相同的情况下，更有抱负和更努力的人们通常也会有更多的收入。就前两类原因来说，一个人出生于什么样的家庭或者具有什么样的自然天赋，这完全是偶然的，从道德的观点看，这不是应得的。[①]正如没有一个人天生就应该是智障者，同样也没有一个人天生就应该是天才。正如没有一个人就应该出身于偏远的贫困农村，同样也没有一个人就应该出生于大城市。如果一个人出身于什么样的家庭和具有什么样的自然天赋是偶然的，并且从道德的观点看不是应得的，而这种家庭出身和自然天赋导致了分配的不平等，使某些人得到了更多的收入，那么这些更多的收入在道德上就不是他们应得的，所产生的不平等也是应该加以纠正的。因此，我们需要正义的（平等主义的）分配来纠正分配中的不平等。

如果说上述道德理由是否定的，即不平等是应该加以纠正的，那么我们还要提出一个肯定的理由，即平等的分配是正义的。一方面，每个人作为人类的一员是平等的，就此而言，平等是人的一种道德权利。另一方面，每一位公民在政治上都是平等的，在社会上都占有平等的地位，就此而言，平等是一种法律权利。无论平等是作为道德权利还是作为法律权利，都要求社会制度平等待人，不应该对某一部分社会成员采取歧视的态度。基于道德权利和法律权利，每一个人也有理由要求得到平等的对待。对于分配正义，平等待人意味着每个人在财富、机会和资源的分配中也都是平等的。这种分配的平等有强弱两种含义之分：在强的意义上，每个人在财富、机会和资源的分配中享有平等的一份；在弱的意义上，每个人在财富、机会和资源的分配中享有平等的资格。无论哪一种含义都意味着正义的分配应该是平等主义的，尽管我们主张温和的平等主义观点。

　　以上论证表明，正义的分配应该是平等主义的。虽然正义的分配应该是平等主义的，但是平等的分配又是不可能的。说平等不可能，既是指平等的分配是不可取的，也是指它是不可行的。使平等分配不可能的原因有两个，一个是道德上的，一个是动机上的。

　　道德的原因使平等的分配是不可取的。所谓道德的原因是指人们的抱负或者勤奋。让我们假设，在一个共同体中，每一个人都分到了平等的财富，比如说同等数额的金钱。在接下来的生活中，他们要使用这相同数额的金钱进行生产和交换，从事经济活动。虽然所有人都拥有平等的财富，但是有些人胸有抱负并且勤奋工作，也有些人无所事事，只关心玩乐。一年以后，两者的财富出现了不平等。在这种情况下，财富较少者没有什么理由可以抱怨，所出现的不平等也没有道德理由来加以纠正。也就是说，如果每个人都拥有平等的起点，而只是由于抱负和勤奋的差别导致了收入的不平等，那么这种不平等是不需要矫正的。在这种情况下坚持用平等分配来矫正不平等，在道德上是不可取的。

动机的原因使平等的分配是不可行的。分配不仅是谁得到了什么东西，而且也会对将来的分配产生影响。人的行为是由动机驱动的。如果分配的结果对人们产生了激励，人们愿意更勤奋地工作，从而创造出更多的商品和服务，那么下一次他们就会有更多的东西来分配。如果分配是人人平等的，无论他们是勤奋还是懒惰，那么这在某种意义上是鼓励懒惰，从而所生产出来的商品和服务也会更少。另外，有些职业（如医生和飞行员）需要很多的知识和复杂的技能，需要接受更多的教育和长期的培训，为此所消耗的费用应该在其收入中得到补偿。有些职业（如常年在野外工作的地质和测量工作者）是令人不快的、艰苦的或者危险的，也需要给予额外的补偿。也就是说，社会付给这些人更多的报酬，以激励他们选择需要更长时间培训和更加艰苦甚至危险的工作，这是公平的。如果人们需要激励，那么平等分配就是不可行的。

我们目前的推理得到了这样一种结果：不平等的分配是现实的，但它不是正义的；平等的分配是正义的，但它是不可能的。这种推理似乎走向了一条死路，一种政治哲学的二律背反。这种二律背反意味着在现实与理想之间存在一条难以逾越的鸿沟。为了跨越这条鸿沟，我们应该寻找能够摆脱这种二律背反的第三条道路。我们应该寻找另外一种思路，而这种思路能够指示第三条道路在哪里。让我们这样来思考：从正义的平等分配出发，在什么情况下，一种不平等的分配也能够被看做是正义的？

我们知道，平等的分配是正义的。现在让我们假设，按照现有的平等分配方案，每一个相关的人都得到了平等的一份。再假设，如果我们现在选择另外一种不平等的分配方案，出于某种机制，这种不平等的分配会大大增加总体收入，从而使每个人的收入都增加了，即使对于收入最少者也是如此。用流行的语言讲，由于激励的机制，这种不平等的分配把"蛋糕"做大了，所以每个人分到的份额也都增加了，尽管他们之间存在不平等。为简便起见，我们把所有相关者分为两个群体，即收入更多的群体和收入更少的群体。收入更多的群体显然会赞成这种方案，因为这种不平等的分配使他们得到了新增收益中的大部分。问题在于，收入更少的群体会同意这种不平等的分配方案吗？我们有充分的理由认为：如果这些收入更少者是理性的，而且不平等不是非常严重，那么他们会同意这种不平等的分配方案，即使另外一个群体的人会比他们的收入更多一些。如果收入更少的群体同意这种不平等的分配，那么这种不平等的分配就是正义的。

把假设变换为现实，改革开放之前的中国就是"原有的平等分配方案"，改革开放之后的中国就是"不平等的分配方案"，而弱势群体就是"收入更少的群体"。改革开放提供了各种激励机制，使"蛋糕"变得比过去大多了，人们的生活状况得到了很大改善，但是也产生出了严重的不平等，出现了过大的贫富差距。因此，我们需要分配正义来纠正这些严重的不平等和贫富差距过大。弱势群体为我们思考分配正义问题提供了正确的观察点：对于我们目前努力建立的和谐社会来说，如果社会分配出于各种原因而只能是不平等的，那么这种不平等的分配必须能够被弱势群体所接受。也就是说，一种不平等的分配只有在能够得到弱势群体同意的情况下，它才能被看做是正义的。

二、什么是分配正义的原则?

从上一节我们可以看出,正义的分配应该是平等主义的,但平等的分配是不可能的。这样问题就变成了"一种不平等的分配在什么情况下能够是正义的"。我们提出,如果一种分配是不平等的,那么它只有得到了弱势群体的同意才能够是正义的。我们也认为,如果这种不平等的分配能够使弱势群体的成员受益,而且不平等不是非常严重,那么他们作为理性的人会同意这种不平等的分配。理论分析与现实问题是一致的,即分配正义的关键在于解决目前存在的严重不平等——贫富差距过大。

那么我们如何解决不平等的问题?以收入不平等为例,我们可以采取三种方式来解决不平等的问题:第一,降低处境更好群体的收入;第二,提高弱势群体的收入;第三,把以上两种方式结合起来,既降低处境更好群体的收入,同时也提高弱势群体的收入。

我们先考察第一种方式。解决严重的不平等,缩小贫富差距,最直接的办法就是降低其他处境更好群体的收入。这种降低水平的方式简单易行,效果立竿见影。比如说,我们可以为人们的收入和所保有的财富规定一个限额,对超过限额的部分课以惩罚性的重税。这种方式的实质是把其他群体的收入水平拉下来,以缩小与弱势群体的差距。实际上,反平等主义者就是基于这种"拉平"的方式来反对平等主义的。在他们看来,为了保持平等而不允许人们保有比其他人更多的财富,这不仅从直觉来看就是错误的,而且还会使这些财富闲置无用,即"这种平等主义原则通常导致浪费"。[②]

我们认为,这种"拉平"的方式是不可取的,但是我们的理由与反平等主义者不同，而且我们的目的与他们也不同。我们的目的不是反对平等主义，而是证明平等主义。我们基于以下三个理由反对"拉平"的方式。

首先，这种"拉平"的方式违反了应得。导致人们收入不平等的原因是各种各样的，有客观条件的差别，也有主观努力的不同。一个人拥有更高的收入，这可能源于客观的条件（如家庭出身和自然天赋），也可能出于主观的努力（如更有抱负和更加勤奋）。客观条件是人们无法选择的，一个人既不能选择自己出生于什么样的家庭，也不能选择自己具有什么样的天赋。如果一个人基于自己无法选择的客观条件而拥有更高的收入，那么他对于自己的收入就不是应得的。如果一个人基于自己的主观努力而拥有更高的收入，那么他对于自己的收入就是应得的。一个人的收入是应得的，这意味着他对自己的收入和财富也拥有相应的权利。我们只知道人们的收入是不平等的，但是我们没有办法区别哪些人的收入基于客观条件，哪些人的收入基于主观努力，我们更没有办法区别一个人的收入中哪些部分源于客观条件，哪些部分源于主观努力。这样，如果我们通过国家权力强行降低这些收入更高者的收入或者剥夺他们的财富，那么就违反了他们的应得，就侵犯了他们的权利。

其次，这种"拉平"的方式是没有效率的。我们所使用的"效率"概念是指"帕累托改善"（Pareto improvement）：假设有两种分配，第一种分配是现状，第二种分配是我们将要实行的，如果我们实行第二种分配以后，某些人的状况得到了改善，而其他人的状况则没有变化，那么我们就说第二种分配是有效率的。为了简便，我们在这里没有把从第一种分配变为第二种分配的成本计算在内。这种效率概念的含义是非常明确的，即"有效率的"意味着人们福利的提高。当然，这种"帕累托改善"对于分配正义的意义是不确定的：它可能是指某一部分人的福利得到了提高，也可能是指另外一部分人的福利得到了提高，或者可能是指所有人的福利都得到了提高。在帕累托的意义上，一种分配只有使某些人的状况得到了改善，而同时又没有使其他人的状况变坏，那么这种分配才能够是有效率的。如果我们采取"拉平"的方式强行降低收入更高者的收入，那么就使这些人的状况变得比过去更坏了。在帕累托的意义上，这意味着效率的降低。效率对分配正义形成了约束：一种没有效率的分配是不可取的，它以某些人的利益为代价；一种没有效率的分配也是不可行的，它没有持续下去的动力。但是我们也需要指出，这种"帕累托改善"的约束是相对的，不是绝对的。在某种情况下，这种约束可以被弱化。

最后，也是最重要的，分配正义的目的不是为了平等而平等，而是为了改善弱势群体的处境。如果我们单纯追求平等，那么只要把富人变成穷人就可以了。这不是我们的目的。我们的目的是提高弱势群体的福利水平，让他们过一种更好的生活。我们不仅关注平等——弱势群体成员与其他群体成员相比的福利相对差距，而且更关心现状——弱势群体成员较低福利的绝对水平。[3]他们需要帮助，是因为他们过着一种贫困的生活。由于他们处于一种不好的状况，所以需要提高他们的福利水平。如果不仅仅是他们处于这种贫困的状况，而是所有人都处于这种状况（像"文化大革命"时期一样），那么所有人的处境也都需要改善。降低其他群体的福利水平，这本身无助于改善弱势群体的处境，也不是我们所要达到的目的。

在上述三种理由中，公平要求分配正义不应该侵犯应得，效率要求分配正义不应以某些人的利益为代价，目的要求分配正义应该改善弱势群体的处境。基于公平、效率和目的的三重考虑，第一种方式（"拉平"）是不可取的。如果第一种方式是不可取的，那么第三种方式也是不可取的，因为第三种包含了第一种，其实质也是"拉平"。现在我们只剩下了第二种方式。

第二种方式是通过改善弱势群体的状况来解决严重的不平等。这种方式符合我们的道德直觉：弱势群体的成员是最需要社会帮助的人。也就是说，分配正义要求政府承担改善弱势群体状况的社会责任。虽然正义的分配应该是平等主义的，但是它也受到效率的约束。我们这里所说的效率是帕累托意义上的。问题在于，在处理分配正义问题的时候，我们可能面对着许多分配方案，它们不仅都能够提高弱势群体的福利，而且也都处于"帕累托边界"之内，也就是说，它们都是有效率的。在这种情况下，我们如何选择分配方案？

按照正义的观念，在各种有效率的分配方案中，我们应该选择一种最合乎正义的方案。问题在于，哪一个方案是最合乎正义的？这需要参照分配正义的原则来判断。没有这样的分配正义原则，我们就没有判断的标准。在面对分配正义问题时，实际上我们的困难在于：我们知道选择的关键是保持平等与福利的平衡，但是我们不知道平衡点在哪里。我们需要一种分配正义的原则来确定平等与福利的平衡点。如果我们有了这样的分配正义原则，那么我们就可以用它来指导选择。

通过第一节的论证，我们得出了这样的结论，即一种不平等的分配只有在能够得到弱势群体同意的情况下，它才能被看做是正义的。那么弱势群体能够同意什么样的分配正义原则？按照这种思路，我们认为分配正义的原则应该是这样的：**社会安排应该把弱势群体的利益放在第一位，以最大程度地提高其成员的福利。**[④]这个原则意味着，在各种能够改善弱势群体状况的分配方案中，我们应该选择能够最大程度改善其状况的方案。

这个分配正义原则是平等主义的，它试图解决严重的不平等，缩小贫富差距，防止两极分化。但是它也允许收入、机会和资源的不平等分配，只要这种不平等分配对于改善弱势群体的状况是有利的。

这种分配正义原则要发挥作用，需要以一些制度为前提，并且也受到效率的约束。这种分配正义原则所需要的制度性前提是：第一，在健全的法治社会中，每个人都是平等的公民，从而在法律面前是人人平等的；第二，每一个公民都拥有平等的权利，而这些权利是由宪法和各种法律规定的。人们处于法律和权利的保护之下，他们服从法律，同时也拥有基于权利的各种自由。

效率的约束是指"帕累托改善"，它对分配正义原则的约束可以区分为两种情况。第一种是严格意义上的"帕累托改善"，即在不降低任何人的福利的情况下，提高弱势群体成员的福利。这种理想的情况需要两个条件。首先，社会的分配是不平等的，但还不是十分严重。在这种情况下，可以用提高弱势群体成员福利的方法来减少不平等，而无需降低其他群体成员的福利。其次，该社会的经济是明显增长的。在假设其他条件不变的情况下，社会可以把所增加的财富（或其中一部分）用于提高弱势群体成员的福利。如果一个社会满足了这两个条件，并且按照我们的分配正义原则来规范社会分配，那么这个社会的分配就会达到"帕累托最优"。

第二种情况是较弱意义上的"帕累托改善"。在许多情况下，一个社会所具有的条件是不理想的。这些不理想的条件主要有两种：首先，社会存在严重的不平等，贫富差距十分明显；其次，社会的经济没有明显的增长，从而也就没有额外的大量资源可以用于改善弱势群体的福利。在这种情况下，我们可以追求"帕累托次优",即社会提高了弱势群体成员的福利,同时也降低了富裕群体成员的福利,但是前者的所得比后者的所失要更大。

人们通常认为,我们应该追求"帕累托最优",只有在无法达到"帕累托最优"的情况下,我们才追求"帕累托次优"。不是这样的。在某种情况下,我们也会首先考虑"帕累托次优"。这样做基于两个理由。首先,"帕累托最优"以"帕累托改善"为基础,而"帕累托改善"要求分配的变化应该不使任何人的状况变坏。就此而言,"帕累托改善"是非常保守的,以现状为前提。如果现状是不正义的,为什么还要尽力维持它?如果社会中最富裕群体福利的微小"变坏"能够带来弱势群体福利的明显改善,那么这种"变坏"就不是不正义的。分配正义就是要改变不正义的现状,在这种情况下,"帕累托次优"就具有充分的道德理由。其次,"帕累托改善"需要社会经济一直保持明显的增长,从而为提高弱势群体成员的福利提供资源。但是,要求经济一直保持明显的增长,这是不合理的。任何一个社会都无法做到一直保持经济的明显增长,而任何一种社会理论也不应该以这样的增长为前提。在经济没有明显增长的情况下,其他条件不变,要改善弱势群体的福利,就需要富裕群体降低一些他们的富裕程度,但这不是"拉平",而是"帕累托次优"。

我们所阐述的这种分配正义原则是平等主义的,因为它把弱势群体的利益放在第一位,努力解决分配方面的不平等。这种分配正义的原则也是后果主义的,因为它按照行动的后果来评价法律、制度、政策和社会安排,其目的是最大程度地提高弱势群体成员的福利。⑤

如果我们的分配正义原则把弱势群体的利益放在第一位,以达到其成员之福利的最大化,那么我们就必须有某种方法能够把他们识别出来。我们需要首先把他们识别出来，然后才能制定相应的政策和制度安排来提高其福利。我们给弱势群体下过这样的定义：**它的成员对福利持有最少的合理期望**。所谓福利是指收入、资源和机会。收入一般是用金钱表示的，资源主要是指教育资源、医疗资源以及其他同身份相关的资源，而机会则主要是指受教育的机会和就业的机会。这样，弱势群体的成员就是指那些收入最低、享有最少资源和拥有最少机会的人。在这种意义上，我们也可以说，一个人的福利是他所享有的收入、资源和机会的函数。当然，在涉及识别出弱势群体的个人成员的时候，我们还需要一些可操作的方法，以把收入、机会和资源换算为可以进行人际比较的福利指标。

三、其他群体会同意吗？

可能还有一个疑问：如果我们的分配正义原则把弱势群体的利益放在第一位，那么其他群体的利益怎么办？这种分配正义原则会不会侵犯其他处境更好群体的利益？人们通常认为分配正义应该有利于所有的社会成员，如果这样，那么这种分配正义原则是不是只对弱势群体的成员有利，而对其他群体的成员不利？把这些问题归结为一点：其他群体的成员会同意我们的分配正义原则吗？

我们认为，这种分配正义原则考虑了其他群体成员的利益，尊重他们的权利，而且也受到了效率和应得的约束，因此，如果其他群体的成员是理性的，那么他们就会支持这种分配正义原则。具体地说，基于以下一些理由，其他群体的成员应该赞同或至少不会拒绝这种分配正义的原则。

首先，在中国改革开放的30年中，经济得到了极大发展，生活水平迅速提高，同时也产生了分配的不平等。其他处境更好的群体是这场社会变革的受益者，其中"富裕群体"是分配不平等的最大受益者。一方面，就现实来说，其他群体的成员已经从改革开放中获得了巨大利益，而弱势群体则没有或很少受益；另一方面，就将来而言，即使实行我们的分配正义原则会改善弱势群体的状况，但其他群体仍将是改革开放的受益者。

其次，即使按照我们的分配正义原则来制定法律制度、社会经济政策和分配方案，也不会侵犯到其他处境更好群体的利益和权利。我们说过，任何社会安排和分配方案的选择通常都会受到两种约束。一种是"帕累托改善"的约束，它要求分配的变化应该不使任何人的状况变坏，这样其他群体成员的利益就不会受到侵犯。另外一种是"应得"的约束，它要求如果其他处境更好群体成员的利益是他们应得的，那么就会得到社会的尊重，也就是说，他们的权利不会受到侵犯。

再次，在通常情况下，各个社会群体的利益是相互关联的，一个群体之利益的提高或降低会影响到其他的群体。假设一个社会存在三个群体，即弱势群体、中间群体和富裕群体，那么这些社会群体之间的利益存在一种"链式连接"。[⑥]具体说，这种"链式连接"意味着：如果弱势群体的福利提高了，那么它会推动中间群体的福利也随之提高；如果中间群体的福利提高了，那么它会推动富裕群体的福利也随之提高。

最后，如果其他群体的成员是理性的，那么他们就没有正当的理由拒绝这种分配正义原则。这里的核心观念是"任何人都没有理由加以拒绝"：人们就正义原则达成一致，不是因为每个人都有理由接受它，而是因为任何人都没有理由拒绝它。[⑦]我们的分配正义原则对弱势群体是有利的，基于这个理由，其他群体的成员可以不赞同它（这个理由不足以说服他们接受它），但是他们也不能拒绝它（他们不能以这个原则不利于自己的利益为理由拒绝它）。因为基于自己利益的理由不是一个好理由，不是一个道德理由，从而不能构成一个正当的反对理由。

注释：

① John Rawls, *A Theory of Justice*, Cambridge, Massachusetts: The Belknap Press of Harvard University Press, 1971, p. 104.
② Joseph Raz, *The Morality of Freedom*, Oxford, UK: Clarendon Press, 1986, p. 227.
③ 帕菲特：《平等与优先主义》，见葛四友编：《运气均等主义》，江苏人民出版社2006年版，第206页。
④ 所谓"社会安排"是指通过法律和政策所形成的分配，而这些分配所导致的结果通常是不平等的。
⑤ 这种分配正义原则明显受到了罗尔斯（John Rawls）正义理论的启发，其中特别是他的"差别原则"。但是，我们的分配正义原则与罗尔斯的"差别原则"之间也存在很多不同。首先，从哲学立场看，罗尔斯的正义原则是义务论的，而我们的正义原则是后果主义的。罗尔斯的义务论把权利放在第一位，主张权利优先于福利。我们的后果主义则把弱势群体成员的福利放在第一位，明确主张这种福利的最大化。其次，罗尔斯的"差别原则"关注的是"最不利者"的利益，而我们的分配正义原则关注的是弱势群体成员的利益。确定"最不利者"利益的东西是罗尔斯所说的"基本善"，即自由和权利、权力和机会、收入和财富。确定弱势群体成员利益的东西则是福利，即收入、资源和机会。很明显，不同的原则对利益的理解是不同的，而这种对利益的不同理解反映了义务论与后果主义的差别。最后，对分配正义原则的辩护是不同的。罗尔斯对差别原则的论证只考虑了道德理由，而且在道德理由中，他只考虑了社会条件和自然天赋。我们对分配正义原则的论证不仅考虑了道德的理由，而且还考虑了动机的理由，即分配正义应该对人们的行为产生激励。在道德理由中，我们不仅考虑了社会条件和自然天赋，而且也考虑

了主观努力和应得。

⑥ John Rawls, *A Theory of Justice*, Cambridge, Massachusetts: The Belknap Press of Harvard University Press, 1971, p. 80.

⑦ 这个观念是斯坎伦（T. M. Scanlon）提出来的。见 T. M. Scanlon, "Contractualism and Utilitarianism", in *Utilitarianism and Beyond*, edited by Amartya Sen and Bernard Williams, Cambridge: Cambridge University Press, 1982, pp. 103 – 128。

14. 尊严与公民身份
——女性主义政治哲学的视角

戴雪红*

一、引言：公民身份的意涵辨析

公民身份（citizenship）在20世纪末的西方社会重新成为政治思想焦点，人们对公民身份的兴趣开始复兴。作为当代政治和社会理论中的一个具有战略重要性的概念，公民身份处于政治哲学的核心地位。正如美国自由主义思想家茱迪·史珂拉所说："再也没有哪一个词汇比'公民权'这个概念在政治上更为核心，在历史上更加多变，在理论上更具争议了"。[①] "一般说来，公民身份指的是作为一个国家的成员的法律地位。"[②] 公民身份根源于两种非常不同的、有时还互相对抗的政治传统：17世纪所产生的自由主义和较为古老的公民共和主义。前者指认公民身份为一种包含了给予个人权利的身份，强调法律基础上人人具有平等的公民资格；而后者将公民身份作为一种

---

* 戴雪红，女，南京大学政府管理学院副教授。

涉及更大范围社会责任的实践，强调公民间的政治参与和责任义务。

对公民身份概念最经典的、最具影响力的解释是英国社会学家 T. H. 马歇尔（T. H. Marshall）写于1949年的《公民身份与社会阶级》。在马歇尔看来，公民身份是一种平等原则，其本质上在于如何保证每个人被作为完整而平等的社会成员来对待。要保证这种意义上的成员资格，就必须不断增加公民权利。马歇尔把公民权利分为三种："公民的要素（civil element）由个人自由所必需的权利组成：包括人身自由，言论、思想和信仰自由，拥有财产和订立有效契约的权利以及司法权利（right to justice）。……政治的要素（political element），我指的是公民作为政治权力实体的成员或这个实体的选举者，参与行使政治权力的权利。……社会的要素（social element），我指的是从某种程度的经济福利与安全到充分享有社会遗产并依据社会通行标准享受文明生活的权利等一系列权利。"[③] 马歇尔梳理了现代公民身份的发展过程，从18世纪确立公民权利，到19世纪扩大民主政治确保政治权利，最后到20世纪确立社会权利。只有在福利国家中，才能体现最完整的公民身份。

因为只强调消极的赋权（entitlement）与被动的权利取得，而缺乏任何参与公共生活的义务，马歇尔这种正统的公民身份观念被称为"消极的公民权"，在过去几十年受到越来越多的批评。第一种批评针对权利与责任的二元对立，指出有必要以责任和德性来补充或代替对公民身份的消极接受，这包括经济独立、政治参与和文明品质。第二种批评针对平等与差异的二元对立，认为公民身份必须考虑到差异性，诸如文化、性别、私人和生态的公民身份，因而有必要修改当前的公民身份定义以适应现代社会中日益增长的多元文化主义（multiclturalism）。[④] 多元文化论者——女性主义政治哲学家艾利斯·杨（Iris Young）主张重视差异公民身份（differentiated citizenship），认为只有肯定和正视差异，才能达成实质平等的目的。

二、为权利而斗争：女性公民身份缺失的历史回顾

公民身份也是女性主义学者讨论女性政治身份和性别政治很重要的场域（arenas）；女性公民身份目前已成为国际上一系列重要的女性主义公民身份文献的主题。针对公/私、男/女的二元对立，女性主义者对马歇尔的自由主义公民身份理论提出了质疑，认为他所阐述的是关于男性公民身份的发展历史，表面性别中立的公民身份面纱背后隐含着性别排除的建构，女性被否定在正式的公民地位与权利之外。"他的论述明显集中在男性公民身份的取得上：如果将女性的经历也纳入其中，他的分析模式也就将土崩瓦解。在公民权利方面，马歇尔把19世纪的女性地位描述为'在很多重要的方面是特殊的'。只有粗暴地忽视占人口一半以上的妇女不适于公民权利先于政治权利的事实，马歇尔才能假惺惺地坚持其公民身份的演进观。毕竟只有到1928年以后，妇女才被赋予选举权，只有到1990年以后，妇女才与其丈夫分开课税。可以说，妇女是以极其渐进的方式获得与男性大致平等的公民地位的。通过把其对公民身份的讨论与阶级差别联系在一起，马歇尔忽略了深嵌于阶级分化当中的性别差异"。⑤

女性主义学者指出，早在古希腊，女性就与奴隶一起被排斥于公民身份的范围之外，只有自由的男人才被认为有权利作为公民参与城邦事务。古希腊政治哲学对于公民身份定义的历史发展上，便将公民身份的资格以具有男子气概的公共、政治、

养家赚钱的领域与女性的私人、非政治、生育照顾的领域等二元对立的方式来区分。比如，亚里士多德认为，"女性天生的能力包括性繁殖和家庭义务，但不包括公民资格。女性不仅适合于家庭和抚养孩子的义务，尽管她们所在领域对生存来说是关键的，但仍然是低于男性公民所在的公共世界的"。[6]而自法国大革命之后，以"平等"和"权利"为核心话语的公民身份一直以排除女性作为其基本意涵。

在当代西方社会中，女性继男性之后逐步赢得了马歇尔所说的三位一体的自由主义公民权利，但是，马歇尔所提出的公民权利、政治权利和社会权利的演化模式，在扩展到女性身上时比男性明显慢得多，而且某些权利的分配仍然非常不平等。比如在三个阶段中的最后一个阶段——社会权利领域。在绝大多数国家，女性经常在获得更好的报酬、更受尊重的职位以及晋升的前景方面遭到歧视，即使在关注妇女的特殊领域，如全天候的婴儿护理、产假、计划生育，一般比其他服务扩展得更慢些。[7]另外，一些非西方社会的女性在法律地位上仍然处于次要地位，不能享有完整的公民权利。

女性主义的研究证明，女性在历史上一直被排斥在公民身份之外绝不是偶然的。一方面，妇女获准正式公民身份一直是按照男性的标准和条件，这意味着妇女通常依然是次等公民。女性主义者指出，"公民身份"这一术语表面上性别中立，实际上具有浓厚性别歧视性质，具有"性别盲"的特性。在自由主义和共和主义传统中，公民都是非人格化的、抽象的、脱离形体的（disembodied）理性个体。[8]这种自由民主理论的自由、平等和抽象的个体实际上是男人——通常是指异性恋的、非残障的白人男性。因而，女性主义学者们认为若要消除长久以来对于女性的排除，则必须重新建构"公民身份"的范围。另一方面，近年来女性主义学者发现公民身份意涵的变迁，逐渐地由对权利话语的讨论转向重视责任话语，转向成员本身对社群的参与及贡献程度。正如瑞恩·沃特所说："女性主义运动不能仅仅是一个为了女性权利而进行的运动；而必须是一个为了实现女性参与而进行的运动。"⑨但是，在主要仍由女性负担家务劳动未有太大改变前，强调公民责任的理论，往往使得女性易陷入工作、家务两头忙的困境。这实质上不过是将女性推进了公共领域，而并未使女性从私人领域的禁锢中解放出来，尤其是至20世纪末，在权利斗争与福利改革浪潮的冲击下，女性虽然为自己争到了某些权利，但是女性却因此陷入了"权利与责任"的二难困境。

三、"为承认而斗争"：当代公民身份的精神实质

在马歇尔的公民身份框架已经式微的背景下，尝试重新建构公民身份理论的许多学者都指出，虽然马歇尔确认了公民身份三维体：公民权利、政治权利和社会权利，但是，他没有进一步深入地研究公民身份权利的动态变化，没能提出公民身份的文化维度。可以把马歇尔对公民身份的三种划分进一步延伸，包括文化权利（cultural citizenship）。文化权利不再是仅涉及社会再分配，还包括承认（recognition）。对文化权利的认可可以提升人的尊严（dignity）和人的主体性（subjectivity）。尊严表示受到尊敬与荣耀的身份地位，因此其概念内涵具有一定的特质或是特殊的意义，例如人格（personhood）特质或是身份（identity）。最早在此意义上使用是康德，在康德看来，人类之所以值得尊重，在于人类是理性主体，能够根据理性原则指导人类的生活。如果一个行为者在道德上是真诚的，他或她就有着

人格上的尊严。由于人类有尊严，他们必须自身被当做目的来对待，而不能把他们看做是实现另一个人的目标的工具。尊严体现在人类的权利之中，因为它提醒人们，每一个人都应该获得最高的尊严；尊严也体现在人类的自治之中，即每个人为其自身决定良好生活观点的能力。

在20世纪七八十年代，承认差异的斗争、多元文化主义的斗争试图促进对共同人性的普遍尊重和对文化独特性的尊重，它们是"为承认而斗争"（struggle for recognition）。"根据黑格尔的理论，承认指定了主体之间的理想互动关系，其中每个主体把其他主体视为既平等又与其分离的主体。这种关系构建了主体性：一个人只有通过承认其他主体以及被其他主体承认，才能成为单个主体。他人的承认因此对于自我感觉的发展十分重要。被拒绝承认——或被'错误承认'——就是遭受了个人与自我关系的歪曲和对个人身份的伤害。"[⑩]关于公民身份的确立和变化，有一点非常重要——人格和尊严——即对于各种群体和公民身份的承认。公民身份意味着赋予个体以自主性；公民身份就是经由互相承认，亦即互为主体性而来。

1992年，阿克塞尔·霍耐特（Axel Honneth）的《为承认而斗争》发表，突出承认作为中心理论范畴的地位。他对黑格尔早期的承认理念赋予现代意义，提出了三种不同类型的承认：爱、权利和团结。在一个好社会中，每个人都可以从爱和亲密关系中获得"情感承认"，从公民之间的平等权利和同等尊严关系中获得"法律承认"，从群体成员的价值共同体关系中获得"团结承认"。个人从三种承认中形成自信、自尊和自豪。承认就是反对任何形式的蔑视。[⑪]因而，霍耐特提出的是一种"尊严的承认"，承认的理念是以承认所有个体的尊严为目标，对人类尊严的承认构成社会正义的中心原则。他指出："社会权利的赋予，例如万一有需要，且不是由于个人的过错造成的对个人的经济保障，主要是依据这种观点来衡量的，即给每位社会成员提供能够使他称为真正公民的准绳。如果我们继续认为承认还构成了公民融入到社会合作过程中的元素，那么结论就是极少的经济保障项目是远远不够的。而国家福利此时服从于个人的需要，个体应当被给予机会以基本方式参与到社会的合作环境中以贡献自己的力量。只有到那时每个个体才能够将自己视为社会的一个真正的成员。"[12]霍耐特明确指出，重构一种不同的错误承认而建构一种积极的承认概念，可以为人类尊严提供一种具有丰富历史结构特征的概念。总之，霍耐特从争取"尊严的承认"的角度来理解公民身份的实质，体现的是相对于特定共同体的承认与排斥的关系。这样，关于公民身份的研究就与"为承认而斗争"联系起来。

1994年，查尔斯·泰勒（Charles Taylor）在《承认的政治》一文当中指出，"对于承认需要，有时候是对承认的要求，已经成为当今政治的一个热门话题。……今天，代表了少数民族、'贱民'群体和形形色色的女性主义的这种要求，成为政治，尤其是所谓'文化多元主义'政治的中心议题。"[13]泰勒充分赞扬了把人类普遍"尊严"的理想奉为神圣信仰的个人自由的遗产。封建体制的瓦解为现代性带来了尊严的概念。在现代，尊严观念与传统的荣誉观念截然不同，它强调每一个人与生俱来都享有尊严，具有普遍和平等的意涵。就承认的政治而言，它可以采取强调平等的形式，如所有公民在权利、道德价值上的平等尊严；也可以采取强调差异的形式。因而，泰勒区分了相对于强调平等原则的"平等承认政治"（the politics of equal recognition）的"差异政治"（the politics of difference）。前者所诉求的是普遍主义的政治主张，它强调一种"平等尊严政治"（the politics of equal dignity），即每一个公民都该得到相同的尊严，不该有阶级的区别，它要求普遍性必须得到肯定。后者强调应当承认每一个人都有他或她的独特的认同，尊重差异性的政治主张。基本上"差异政治"可以被看成是"平等尊严政治"的延伸。"差异政治谴责任何形式的歧视，拒不接受二等公民的地位。这就把普遍平等的原则引进到尊严政治中来。……差异政治有机地脱胎于普遍尊严的政治。"[14] 从"平等尊严政治"强调人人都应该受到尊重、有着相同的尊严这项原则不难转变为人人的潜在能力都应该受到尊重的"差异尊严政治"原则，所以残障人士、弱势群体等等也是因为和一般人有着相同的潜在能力而必须受到尊重。尽管"差异尊严政治"可被解释为"平等尊严政治"的延伸，不幸的是，这两种政治观点仍然有着难以消弭的内在冲突，两者根本的不同在于，后者要人承认及尊重共同面，前者则要人承认非共同的差异面。"当尊严政治试图在全体公民中以一种'无视差异'的方式促进非差别对待时，差异政治常常把非差别对待重新定义为要求基于个人和文化独特性的区别对待。"[15] 实际上，差异政治的出现是"尊严"概念的进一步深化和复杂化。

  以上两位当代最著名的承认哲学家都认为承认是一种重要的人类需求，是一个自我实现的问题。"不承认和错误承认造成的伤害是最严重的社会不正义；的确，承认是开启整个社会不正义的钥匙。……如果缺乏这种确定，我们将不能发展出'完整'的人格身份，从而暗示着不能完全成为自我实现的个体。"[16] 由霍耐特和泰勒所提出的身份模式关注于心理和概念因素，也为心理解读提供了巨大的空间。

四、为尊严而斗争：当代女性公民身份重构的主要议题

由过去几十年来的女性运动发展来看，即便女性逐渐获得各项过去所未拥有的公民权利时，女性的低尊严处境仍妨碍其实现这些公民权利。因此，许多女性主义者逐渐强调女性在公民身份上的斗争实践，所关注的不仅是针对物质资源的分配，而且应重视女性的文化权利，即文化意象与象征是否获得承认。应该将公民身份的概念予以延伸，把"有尊严的再现"（endignified representation）的文化权利纳入进来。⑰女性不仅仅为权利而斗争，还不得不进行为承认、为尊严而斗争。尊严、自治和独立等核心价值成为女性对全部公民身份要求的关键。在当代，公民身份这个概念给女性提供了一个在争取权利、获得尊严的斗争中十分有价值的武器。

史珂拉考察了美国公民身份的历史演变和现实问题，强调了有报酬的工作对美国公民身份的重要性，它是许多女性获得尊严的源泉。史珂拉指出："美国公民权从来就不仅仅是代理和授权的问题，而且是一个社会身份（social standing）的问题。"美国公民自我认同的一个重要部分一直都包括劳动和个人成就的尊严。"劳动和按劳取酬的机会是活的公共尊严的第一资源，因此也是一种社会权利。……选票一直是社会正式成员的一纸证书，其主要价值在于它能将最低限度的社会尊严赋予人们。"⑱"对于这些遭受排斥的男女而言，选举权和收入权（the vote and the opportunity to earn）这两大公共身份象征的重要意义……而且是美国公民的标志。那些未被赋予上述公民尊严标志的人不仅感到无依无靠、一贫如洗，而且感到颜面无光。他们也会遭到其他公民同胞的蔑视。因而，争取公民权的斗争，在美国一直是

压倒一切的归属这一政体的要求。"[19]公民身份的价值主要就是从公民身份对黑奴、部分白人男性和所有女性的排斥中衍生出来的。"经济独立、自我支配'收入'的观念作为民主制度下公民权的道德基础取代了过时的公共德性（public virtue）的概念，这种观念一直保持着它强大的感染力。只有在'有收入'的情况下，我们才是公民。"[20]

当代女性主义政治哲学家一方面挑战权利与责任之二元对立强调权利必须优先于责任，以及权利对于维护人类平等尊严的重要性；另一方面挑战平等与差异的二元对立，探索政治人格的不同概念。女性作为被现代公民身份边缘化和排斥的弱势群体，应争取获得承认，强调给予女性社会和文化公民身份所赋予的差异尊严的重要性。

在自由主义的传统中，南茜·弗雷泽与琳达·戈登（Linda Gordon）在《公民权利反对社会权利：论契约对救济的意识形态》（1992）一文中以正确的历史顺序重新叙述了福利与女性权利的发展。通过重审美国公民权利与社会权利之间的矛盾关系，聚焦在契约和救济之间的意识形态对立，她们认为，最早的"公民身份"的含义是自由的身份，"'公民'和'公民身份'是很有分量的词汇。它们意味着尊重，意味着权利，意味着尊严。……回溯到1789年法国的citoyen（公民）……这个词甚至也是始于妇女成功要求称呼为女公民（citoyenne）而不是夫人或小姐的那一刻。……这个术语带有如此多的尊严……蕴涵着赞许与尊重。……我们没有发现这个词的贬义用法。这是一个庄严、重要、人文主义的词汇。"[21]但是，在现代社会，当已婚白人男性和家长等成为公民的同时，没有取得法律人格的女性就变得是反常的和耻辱的了。"在当今美国的公开争论中几乎从未听说过'社会权利'这种表达。在这里，社会供给在很多程度上仍置于围绕着'公民身份'的尊严光环之外。人们往往有理由不尊重接受'福利'的人，这是对公民身份的一种威胁，而不是为了实现公民身份。"[22]在现代的救济概念中，人们扭曲了对公民权利的理解，而把社会供给构造成为暗含的"慈善"和"依赖"，接受"福利"者不断受到侮辱，成为"不劳而获"者。

弗雷泽与戈登在另一篇文章"'依赖'的谱系——回溯美国福利国家的一个关键词"（1997）中，从"依赖"（dependency）作为一个意识形态的概念角度重新思考了权利与尊严之间的关系。"依赖"作为美国政治的一个关键词，在当代却成为了政治家们经常批判的对象——"福利依赖"。在当代美国的政策话语中，依赖通常是指那些贫穷的、有孩子的女性的状况。"为什么这个词的含义如此具有否定意味？这一话语的性别和种族含义是什么？其隐含的假设是什么？"[23]弗雷泽与戈登回溯了"依赖"一词的演变历程：从一种前工业的父权制时代男女都依赖——依赖是正常而非不正常的状况，到一种现代工业社会的男性优越论——女性依赖是正常的，但男性的依赖被认为是不正常、丢脸的状况，再至当今后工业时代要求女性独立，依赖成为一种更具污蔑性、女性化特点、贬义的含义。弗雷泽与戈登指出，"依赖"是一个意识形态用语，处于道德、心理语域。它使人产生强烈的感情和视觉联想，且带有轻蔑指控的意味。不断发展的新公民身份概念建立在独立基础上；依赖被认为是反公民身份的。而新的后工业的医学和心理学话语将依赖与病态联系在一起。依赖的社会关系完全消失在依赖者的人格之中。福利依赖不断增强了耻辱感，依赖/独立二分法、独立型人格/依赖型人格之间的对立，对应着一系列等级对立和两分法，其中包括：男/女、公/私、工作/照顾等；而这些正是现代资本主义文化的核心内容。弗雷泽与戈登对支持依赖概念的意识形态进行了解构，认为解决的办法是重新估价二分法中被低估了的一面，即把依赖恢复为一种正常的，甚至是有价值的人类品质。总之，弗雷泽与戈登的观点在于指出，在 20 世纪七八十年代后期，在意识形态挑战之下的公民身份概念需要得到重新思考。

尤玛·纳拉扬（U. Narayan）就指出权利观点对于争取社会公正运动来说是很重要的。她告诫不要减弱女性主义对权利的诉求。对于女性来说，维护自己的权利是很重要的。纳拉扬所理解的公民身份责任广义上包括照护，并潜在地具有排斥性，对包含着社会地位和尊严的公民身份具有破坏性。在《女性主义公民身份的视野：重新思考尊严、政治参与和国籍的含义》（1997）一文中，纳拉扬解构了三种传统公民身份界定的脉络，重新建立了一套更为广泛的公民身份内涵。"我探讨公民身份的概念，其作为一种地位意味着社会身份和尊严，反对把社会身份和尊严的重要性的一面定位在一个个体对国家生活的贡献的观点。"[29]纳拉扬批判了过去以"选举权和收入权"作为公民公共地位与尊严的象征，而女性则因多在家从事无酬的养育照顾工作，而不被纳入在公民的范围内；她认为不应该忽略了女性生育照顾对国家的贡献，且个人对于国家的贡献也不应该被用来和公民身份作连结，国家有义务提供社群中所有人基本的社会权利，以维护她们的社会地位及尊严。纳拉扬提出，公民身份权利需要建立在"社会尊严"（social dignity）这一中心概念之上："如果权利被理解为**维护所有个体的基本社会尊严**的工具，那么我们就能够避免那种分裂的权利理论，即把权利分为建立在'人类的自我管理能力'之上的'消极权利'和另外建立在'人类需求'洞见基础上的'积极权利'……如果人类的重要弱点没有受到保护，那么人类尊严就会面临危险。如果人类自我

14. 尊严与公民身份

管理和自主能力会轻易受到侵害，如果常常没有合适的方式满足最基本的需要，那么人类尊严就会面临危险。那么，权利就可以被看做**使这些弱点最小化**的社会手段，看做确保所有社会成员至少具有一定社会尊严的尝试……"[25]通过法律，把妇女建构成为有权的主体。她们的这些权利既不与所有权挂钩，也等于保护，而是与人格连在一起。总之，尽管对于许多女性主义者来说，权利被看做天生就是抽象的并偏向男性观点，纳拉扬仍然认为需要重构"独立性"和"公民身份"的含义以及它们之间的联系方式的含义，以便使所有参与社会生活的人都能得到尊严。

安娜·耶特曼（Anna Yeatman）指出应对自治作宽泛的理解，以支持民主的和社会的公民身份。在《女性主义与公民身份》（2001）一文中提出了一种"个体化人格"这样的替代性理解方案。女性主义的历史事业是为（白种的、接受过教育的）女性争取自我管理的地位。而当代女性主义正在探索后世袭的和后国家的公民身份概念——后世袭的（post-patrimonial）人格概念。"自我的独立或属性构成了政治独立的能力。它源于个体理性地管理自我和管理受其保护者的能力。……这个意义上的对自身个体的所有权和自由是在这种政治人格建构中共同起决定作用的概念。……显而易见，不具备独立行为、思考或意志能力的个体不可能拥有所有权，也不可能是自由公民。"[26]耶特曼认为，女性主义运动提出女性与男性一样能够采取自主的形式，实际上首先就是要扩大公民身份以把女性包括进去。这个看法存在的问题是，独立和自决的能力对公民身份是一大考验。确实，许多人没有这种能力。耶特曼指出，女性主义学者重新定义了政治人格的概念，用它来指参与权。塞拉·本哈比（Seyla Benhabib）在对哈贝马斯的交往伦理道德进行修正改写时，提出了理想交往共同体的概念。任何能够参与这个共同体的人都可以具有参与权。用本哈比的术语来说，这是一种普遍的道德尊重和平等互惠性伦理，而不是父权式的或母爱式的保护伦理。公民身份可以被看做是尊重个体化人格的相互性和主体间性的伦理规范。[22]耶特曼还提供了一个尊重弱势群体、尊重个体化人格的例子：澳大利亚女律师克里斯·罗纳德在1989年为其联邦政府拟定了关于疗养院病患的人权政策，其中几项重要原则如下：提供信息的原则、协商和参与的原则、提倡的原则、责任原则和赔偿原则。尊重弱势的自主权，使他们享有人性的尊严，是对待弱势最核心的理念。因而，耶特曼认为，公民身份应该被定位为对个体化人格与对群体权利的尊重。

五、结语：对尊严与女性公民身份的反思

从女性主义政治哲学的视角来看，公民身份是一种权利、地位和身份，更是一种理想，它的真正实现还存在着与之相关的种种困难。"每个人都具有公民身份"的理念与"每个人作为公民都具有尊严"的理想之间是否存在着必然联系？女性主义者力图用新的术语重新思考公民身份与尊严之间的张力，从而为女性主义理解公民身份提供了前进的道路。

女性主义政治哲学家指出，在20世纪末，有些学者倾向于主张减少权利，这种想法是对尊严的威胁，对那些权利尚有待实现的弱势群体来说尤其如此。女性仍然缺乏权利和尊严感。如同前述，在女性为争取作为公民地位的发展过程中，权利与责任之间的相互作用和相互交织一直非常重要。如何解决权利与责任之间的平衡问题？如何选择强调责任而又不破坏弱势群体权利的公民身份？如何既保证女性完整的公民身份又能不忽

略尊严？女性主义学者里斯特指出，首先要保证权利得到充分的尊重，"如果权利屈从于特定的责任和义务……权利就会从根本上打了折扣。"[28]比如，那些严重的残障或有慢性疾病的女性都不参与政治，"这些人何去何从呢？她们不应该得到公民身份吗？她们在某种程度上是较低等的公民吗？"[29]里斯特提倡建构一种以人的主体性为核心概念的"妇女—友好（woman-friendly）"公民身份模式，这是对权利与责任的二元对立的最佳超越或批判性综合。主体性把女性铸造为积极的公民，使女性获得了作为公民的平等权利。对女性的主体性给予充分的考虑，关注女性的政治主体性，而不是把妇女作为受害者而加以建构。"有意识的主体感无论是在个人层面还是在政治层面，都对妇女摆脱受害者地位的枷锁而成为完整的积极性公民至关重要。"[30]作为人的主体性之观念对确立女性公民身份非常重要，有利于维护女性的尊严。

在为女性公民身份与尊严而斗争的过程中，以多元文化主义的方式来实践女性公民身份，实质上是自由主义强调平等和个体性的逻辑结果。但是多元文化主义存在着许多其他问题，比如，它有将文化差异性本质化和凝固化的危险，从而导致一种无法交流的、碎片化的和高度静态的政治境况。同时，把女性公民身份的危机归结为文化、心理根源，就忽视了女性公民身份的政治和经济基础，后者才是落实女性公民身份的真正根源。因而，尽管弗雷泽承认身份和心理的重要性，也赞同女性主义者从心理学角度强调人格尊严、差异政治的尊严等对于女性公民身份的重要性，但是，弗雷泽对于用类似于心理学的方法改变性别权力关系的作用持保留态度："被错误承认并不仅是在他人的意识形态或思想信仰中受到歧视、看低或贬低，而是被剥夺了社会相互作用中的正式伙伴地位，以及被阻止**作为平**

等一员参与社会生活——这并不是分配不公（如没有获得平等份额的资源或'基本品'）所造成的结果,而是把某些人规定为不太值得尊重和尊敬的制度化和评价模式所造成的结果。当这些蔑视和轻视的模式被制度化于诸如法律、社会福利、医疗或大众文化中时,就阻碍了参与平等,正如分配不平等一样。其造成的伤害在每个案例中都十分真实。因此,在我的概念里,错误承认是一种制度化了的社会关系,而不是一种心理状态。"㉛弗雷泽提出一种重新思考承认的方法、一种承认的地位模式:"把承认当做社会地位（social status）的问题。……即旨在通过把被错误承认的一方构建为社会的正式成员,能够平等地与其他社会成员一起参与社会生活,来克服从属地位。……从这一角度看,错误承认既不是心理的扭曲,也不是自由流动的文化伤害,而是一种社会从属地位的制度化关系。"㉜弗雷泽认为要避免心理学化,一方面要吸取再分配的传统话语,另一方面要吸取承认差异的话语。公民身份的原则可以沿着参与平等的概念线索得以解释:"为了参与平等成为可能,我主张,必须至少满足两个条件。第一,物质资源的分配必须是比如确保参与者的独立性和'发言权'。我将把这称为参与平等的客观条件。……第二个条件要求制度化的文化价值模式对所有参与者表达同等尊重,并确保取得社会尊敬的同等机会。我将这称为参与平等的主体间条件。"㉝前两个条件分别对应着经济维度和文化维度。一方面试图跳出平等与差异、再分配与承认的二元困境,另一方面为了阐明在全球化世界中跨边界的不平等,弗雷泽后来又引入了第三个程序条件——政治维度,即"代表权",它意味着象征性的建构,意味着政治发言权。㉞不过,批评家指出,弗雷泽的观点没有论证个人身份的形成与使其成为可能的承认的主体间性之间的内在联系,她回避了考察公民身份形成和维持的

社会心理。㉟

注释：

① ［美］茱迪·史珂拉：《美国公民权：寻求接纳》，上海人民出版社 2006 年版，第 3 页。

② ［英］尼古拉斯·布宁、余纪元编著：《西方哲学英汉对照辞典》，人民出版社 2001 年版，第 158 页。

③ 郭忠华、刘训练编：《公民身份与社会阶级》，江苏人民出版社 2007 年版，第 10 页。

④ ［加］威尔·吉姆利卡、威尼·诺曼：《公民的回归——公民理论近作综述》，见许纪霖主编：《共和、社群与公民》，江苏人民出版社 2004 年版，第 239—240 页。

⑤ ［英］德里克·希特：《何谓公民身份》，吉林出版集团有限责任公司 2007 年版，第 17—18 页。

⑥ ［美］卡米拉·斯蒂福斯：《公共行政中的性别形象——合法性与行政国家》，中央编译出版社 2010 年版，第 152 页。

⑦ ［英］汤姆·巴特摩尔：《公民身份与社会阶级：四十年回眸》，见郭忠华、刘训练编：《公民身份与社会阶级》，江苏人民出版社 2007 年版，第 353—354 页。

⑧ ［英］鲁斯·李斯特：《性公民权》，见［英］恩靳·伊辛、布雷恩·特纳主编：《公民权研究手册》，浙江人民出版社 2007 年版，第 265—266 页。

⑨ Rian Voet, *Feminism and Citizenship*. London: Sage Publications, 1998, p.73.

⑩ ［美］南茜·弗雷泽：《重新思考承认：克服文化政治中的替代和具体化》，见［美］凯文·奥尔森编：《伤害＋侮辱：争论中的再分配、承认和代表权》，上海人民出版社 2009 年版，第 131 页。

⑪ 周穗明：《译者前言》，上海人民出版社 2009 年版。第 7 页。

⑫ ［德］阿克塞尔·霍耐特：《承认与正义：多元正义理论纲要》，载《学海》2009 年第 3 期，第 80 页。

⑬ ［加］查尔斯·泰勒：《承认的政治》，见汪晖、陈燕谷主编：《文化与

公共性》，三联书店1998年版，第296—297页。

⑭ 同上书，第301—302页。

⑮ 弗雷德·达尔梅尔：《民主与多元文化主义》，见［美］塞拉·本哈比主编：《民主与差异：挑战政治的边界》，中央编译出版社2009年版，第290页。

⑯ 尼古拉斯·孔普雷迪斯：《关于承认含义的斗争》，见［美］凯文·奥尔森编：《伤害+侮辱：争论中的再分配、承认和代表权》，上海人民出版社2009年版，第292页。

⑰ 德博拉·马克斯：《残疾与文化公民身份：排斥、"整合"与抵制》，见［英］尼克·史蒂文森编：《文化与公民身份》，吉林出版集团有限责任公司2007年版，第246页。

⑱ ［美］茱迪·史珂拉：《美国公民权：寻求接纳》，上海人民出版社2006年版，第3页。

⑲ 同上书，第4页。

⑳ 同上书，第45页。

㉑ ［英］巴特·范·斯廷博根编：《公民身份的条件》，吉林出版集团有限责任公司2007年版，第103页。

㉒ 同上书，第104页。

㉓ ［美］南茜·弗雷泽：《正义的中断：对"后社会主义"状况的批判性反思》，上海人民出版社2009年版，第129页。

㉔ U. Narayan, Towards a feminist vision of citizenship: rethinking the implications of dignity, political participation and nationality. In M. L. Shanley & U. Narayan (Eds.), *Reconstructing political theory: feminist perspectives*. University Park, PA: Pennsylvania State University Press, 1997, p.48.

㉕ Ibid., pp. 53 – 54.

㉖ ［加］安娜·耶特曼：《女性主义与公民身份》，见［英］尼克·史蒂文森编：《文化与公民身份》，吉林出版集团有限责任公司2007年版，第208—209页。

㉗ 同上书，第216—217页。

㉘ ［英］露丝·里斯特：《公民身份：女性主义的视角》，吉林出版集团有

限责任公司2010年版,第35页。
㉙ 同上书,第62页。
㉚ 同上书,第59页。
㉛ [美]南茜·弗雷泽:《异性恋、错误承认与资本主义:答朱迪斯·巴特勒》,见[美]凯文·奥尔森编:《伤害+侮辱:争论中的再分配、承认和代表权》,上海人民出版社2009年版,第58页。
㉜ [美]南茜·弗雷泽:《重新思考承认:克服文化政治中的替代和具体化》,见[美]凯文·奥尔森编:《伤害+侮辱:争论中的再分配、承认和代表权》,上海人民出版社2009年版,第135页。
㉝ [美]南茜·弗雷泽:《身份政治时代的社会正义:再分配、承认和参与》,见[美]南茜·弗雷泽、[德]阿克塞尔·霍耐特:《再分配,还是承认?:一个政治哲学对话》,上海人民出版社2009年版,第28页。
㉞ [美]南茜·弗雷泽:《正义的尺度:全球化世界中政治空间的再认识》,上海人民出版社2009年版,第169页。
㉟ 克里斯托弗·F.泽恩:《关于参与平等的争论:论南茜·弗雷泽的社会正义概念》,见[美]凯文·奥尔森编:《伤害+侮辱:争论中的再分配、承认和代表权》,上海人民出版社2009年版,第156页。

图书在版编目（CIP）数据

幸福与尊严——一种关于未来的设计 / 俞可平主编.
—北京：中央编译出版社，2012.11
ISBN 978-7-5117-1503-6

Ⅰ.①幸⋯
Ⅱ.①俞⋯
Ⅲ.①幸福 – 文集 ②尊严 – 文集
Ⅳ.① B82-53

中国版本图书馆 CIP 数据核字（2012）第 209305 号

幸福与尊严——一种关于未来的设计

出 版 人	刘明清
出版统筹	薛晓源
责任编辑	贾宇琰
责任印制	尹　珺
出版发行	中央编译出版社
地　　址	北京西城区车公庄大街乙 5 号鸿儒大厦 B 座（100044）
电　　话	（010）52612345（总编室）　　（010）52612375（编辑室） （010）66161011（团购部）　　（010）52612332（网络销售） （010）66130345（发行部）　　（010）66509618（读者服务部）
网　　址	www.cctphome.com
经　　销	全国新华书店
印　　刷	北京佳信达欣艺术印刷有限公司
开　　本	787 毫米 ×960 毫米　1/16
字　　数	166 千字
印　　张	14.25
版　　次	2012 年 11 月第 1 版第 1 次印刷
定　　价	45.00 元

本社常年法律顾问：北京市吴栾赵阎律师事务所律师　　闫军　　梁勤
凡有印装质量问题,本社负责调换。电话：(010)66509618